生态循环农业实用技术系列丛书

总主编 单胜道 隗斌贤 沈其林 钱长根

蚕桑生产废弃物资源化利用 实用技术

贺伟强 沈永根 主编

U0238338

中国农业出版社

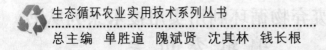

生态循环农业实用技术系列丛书

总主编 单胜道 隗斌贤 沈其林 钱长根

《节约集约农业实用技术系列丛书》
编 辑 委 员 会

主编 单胜道 沈其林 钱长根

编委 （按姓氏笔画排序）

王李宝 任 萍 庄应强 李晓丹 吴湘莲

沈其林 单胜道 施雪良 秦国栋 钱长根

徐 坚 高春娟 黄凌云 黄锦法 寇 舒

屠娟丽 楼 平 虞方伯

节约集约农业实用技术系列丛书

- 设施农业物联网实用技术
- 大中型沼气工程自动化实用技术
- 果园间作套种立体栽培实用技术
- 湿地农业立体种养实用技术
- 瓜果类蔬菜立体栽培实用技术
- 农业生产节药实用技术
- 测土配方施肥实用技术
- 水肥一体化实用技术

农业废弃物循环利用实用技术系列丛书

- 秸秆还田沃土实用技术
- 作物秸秆栽培食用菌实用技术
- 秸秆生料无农药栽培平菇实用技术
- 秸秆资源纤维素综合利用实用技术
- 秸秆能源化利用实用技术
- 秸秆切碎及制备固体成型燃料实用技术
- 蚕桑生产废弃物资源化利用实用技术
- 桑、果树废枝栽培食用菌实用技术
- 虾蟹壳再利用实用技术
- 沼液无害化处理与资源化利用实用技术
- 生物炭环境生态修复实用技术
- 屠宰废水人工湿地处理实用技术

《蚕桑生产废弃物资源化利用实用技术》
编　委　会

丛 书 序 一

当今世界，人口快速增长、气候极端变化已成为国际社会关注的焦点和人类必须面对的重大课题。在此大背景下，世界各国纷纷推行绿色新政，绿色经济、循环经济、低碳经济正成为全球经济的发展趋势。综观世界农业发展历程，经历了从传统农业向石油农业、化学农业跨越的发展阶段，虽然极大地提高了农业生产力，但同时也带来严峻的挑战，化学物质的过度使用已成为环境污染、生态退化的助推因素之一。为此，世界农业正孕育着发展理念的重大变革，低碳农业、有机农业、白色农业（微生物产业）等体现生态循环经济理念的新兴业态，正在全球逐步兴起，并成为引领农业发展的趋势所向。需要引起我们特别关注的是，许多国家特别是发达国家，借助绿色革命全球化的大趋势，又进一步构筑了新的绿色壁垒，不仅要求进口产品优质安全，而且对产地环境、生产过程提出了更高、更苛刻的要求。

2013年中央农村工作会议指出："小康不小康，关键看老乡。"目前我国农业还是"四化同步"的短腿，农村还是全面建成小康社会的短板。中国要强，农业必须强；中国要美，农村必须美；中国要富，农民必须富。农业基础稳固，农村和谐稳定，农民安居乐业，整个大局就有保障，各项工作都会比较主动。并明确要加快推进农业现代化，努力走出一条生产技术先进、经营规模适度、市场竞争力强、生态环境可持续的中国特色新型农业现代化道路。

发展生态循环农业，按照减量化、再利用、资源化的原则，构建资源节约、环境友好的农业生产经营体系，既有利于应对气候变化，也有利于提升农产品的国际竞争力。生态循环农业以生态学原理及其规律为指导，不断提高太阳能的固定率、物质循环的利用率、生物能的转化率并以资源的高效利用和循环利用为核心，以低消耗、低排放、高效率为基本特征，切实保护和改善生态环境，防止污染，维护生态平衡，变农业和农村经济的常规发展为持续发展，把环境建设同经济发展紧密结合起来，在最大限度地满足人们对农产品日益增长的需求的同时，使之达到生态系统的结构合理、功能健全、资源再生、系统稳定、管理高效、发展持续的目的。生态循环农业是农业发展方式的重大革新，是综合运用可持续发展思想、循环经济理论和生态工程学方法，以资源节约利用、产业持续发展和生态环境保护为核心，通过调整和优化农业的产业结构、生产方式和消费模式，实现农业经济活动与生态良性循环的可持续发展。

发展生态循环农业，可以针对我国地域辽阔，各地自然条件、资源基础、社会与经济发展水平差异较大的情况，充分吸收我国传统农业精华，结合现代科学技术，以多种生态模式、生态工程和丰富多彩的技术类型装备农业生产，使各区域都能扬长避短，充分发挥地域优势，保证各产业都能根据社会需要与当地实际协调发展。可以运用物质循环再生原理和物质多层次利用技术，通过物质循环和能量多层次综合利用和系列化深加工，实现较少废弃物的生产和提高资源利用效率，实行废弃物资源化利用，降低农业成本，提高效益，为农村大量剩余劳动力创造农业内部就业机会，保护农民从事农业的积极性。因此，完善生态循环农业模式，推广生态循环农业实用技术，对加快我国农业发展具有极其重要的现实意义。

然而，生态循环农业技术的开发与推广应用具有很强的外部性，它不仅能产生明显的经济效益，还会带来巨大的生态效益和社会效益，但这种外部性却很难内化为从事生态循环农业技术研究开发和推广应用部门的直接收益。因而，目前其研发和推广应用的动力仍显不足，不仅原有的优良传统技术没有得到很好发展，而且有自主知识产权并具有良好适用性和较高推广应用价值的实用技术较为缺乏。生态循环农业关键技术特别是农业生产资源节约集约利用、农业废弃物循环利用等方面的实用技术集成创新与推广应用滞后，极不利于我国农业的可持续发展。

欣喜"生态循环农业实用技术系列丛书"的问世，它首先贯彻了党的十八大绿色发展、循环发展、低碳发展的生态文明建设精神，同时符合中国现代农业科技发展之需求，也弥补了当今广大农村在实施生态循环农业中实用技术集成创新与推广的欠缺。

相信"生态循环农业实用技术系列丛书"的出版，能够有助于加快推进生态环境可持续的中国特色新型农业现代化的发展。

中国工程院 　院士
国际欧亚科学院 　院士　　金鉴明

2014 年 4 月 18 日

丛书序二

从 20 世纪 80 年代开始，部分发达国家提出了生态农业概念，引起了世界各国的普遍重视。相对于传统农业而言，生态循环农业更加注重将农业经济活动、生态环境建设和倡导绿色消费融为一体，更加强调产业结构与资源禀赋的耦合、生产方式与环境承载的协调，是实现农业的经济、社会、生态效益有机统一的有效途径。生态循环农业是按照生态学原理和经济学原理，运用现代科学技术成果和现代管理手段，以及传统农业的有效经验建立起来的，它不是单纯地着眼于当年的产量和经济效益，而是追求经济效益、社会效益、生态效益的高度统一，使整个农业生产步入可持续发展的良性循环轨道。生态循环农业强调发挥农业生态系统的整体功能，以大农业为出发点，按"整体、协调、循环、再生"的原则，全面规划，调整和优化农业结构，使农、林、牧、副、渔各业和农村一、二、三产业综合发展，并使各业之间互相支持，相得益彰，提高综合生产能力。生态循环农业是伴随着整个农业生产的不断发展而逐步形成的一种全新农业发展模式。加快生态循环农业发展，既要注重总结与推广我国传统农业中属于生态农业的经验和做法，如：合理轮作、种植绿肥、施用有机肥等，还要加强研究与大力推广先进的生态循环农业新技术，如：为了减少白色污染而研制的光解膜、生物农药、生物化肥、秸秆还田、节水灌溉等。

加快发展生态循环农业，走资源节约、生态保护的发展路子，既有利于实现农业节能减排，减轻对环境的不良影响，又有利于改善农产品品质，提升产业发展水平，更好地将生态环境优势转化为产业和经济优势，满足城乡居民对农业的物质产品、生态产品和文化产品的需求，为农民增收开辟新的渠道。发展生态循环农业，通过优化农业资源配置，推行节约集约利用，有利于防止掠夺式生产带来的资源过度消耗；通过农业废弃物的资源化利用，有利于改善和保护生态环境，缓解环境承载压力，增强农业发展的协调性和可持续性。

2014年中央1号文件《关于全面深化农村改革加快推进农业现代化的若干意见》明确提出，要以解决好地怎么种为导向加快构建新型农业经营体系，以解决好地少水缺的资源环境约束为导向深入推进农业发展方式转变，以满足吃得好吃得安全为导向大力发展优质安全农产品，努力走出一条生产技术先进、经营规模适度、市场竞争力强、生态环境可持续的中国特色新型农业现代化道路。同时明确指出，要加大农业面源污染防治力度，支持高效肥和低残留农药使用、规模养殖场畜禽粪便资源化利用、新型农业经营主体使用有机肥、推广高标准农膜和残膜回收等试点，促进生态友好型农业发展。

为了适应我国农业发展的新形势以及中央关于农业和农村工作的新任务、新要求，"生态循环农业实用技术系列丛书"编写委员会组织有关高等院校、科研机构、推广部门、涉农企业等近30家单位长期从事生态循环农业技术研发的100多位技术研究和推广人员，从农业生产资源节约集约利用、农业废弃物循环利用两大方面着手，选定 20 个专题进行了深入的理论研究与广泛的实践应用试验，形成了 20 部"实用技术"书稿。我相信此套丛书的出版，必将为加快我国生态环境可持续的特色新型农业现代化发展注入新的活力并发挥积极作用。

中国工程院院士 方智远

2014 年 4 月 22 日

丛 书 前 言

　　农业作为自然再生产与经济再生产有机结合的产业，离不开自然资源和生态环境的有效支撑。我国农业资源禀赋不足，且时间、空间分布上很不均衡，受经营制度、生产习惯等多种因素的影响，农业小规模分散经营，单纯依靠资源消耗、物质投入的粗放型生产方式尚未根本转变。随着经济社会的快速发展和人们生活水平的不断提高，城乡居民对农业的产品形态、质量要求发生深刻变化，既赋予了农业更为丰富的内涵，也提出了新的更高要求。在资源环境约束、消费需求升级、市场竞争加剧的多重因素逼迫下，我们正面临转变发展方式、推进农业转型升级的重大任务。随着工业化、城市化的快速推进以及农业市场化的步伐加快，农业受到资源制约和环境承载压力越来越突出，保障农产品有效供给、促进农民增收和实现农业可持续发展，更加有赖于有限资源的节约、高效、循环利用，有赖于生态环境的保护和改善，以增加资源要素投入为主、片面追求面积数量增长、污染影响生态环境的粗放型生产经营方式已难以为继。发展生态循环农业，运用可持续发展思想、循环经济理论和生态工程学的方法，加快构建资源节约、环境友好的现代农业生产经营体系，是顺应世界农业发展的新趋势和现代农业发展的新要求，是转变发展方式、推进农业转型升级的有效途径，是改善生态环境、建设生态文明的现实举措。发展生态循环农业，有助于突破资源瓶颈制约，开拓农业发展新空间；有助于协调农业生产与生态关系，促进农业可持续发展；有助于推进农业产业融合，拓展农业功能，推动高效生态农业再拓新领域、再创新优势，为农业和农村经济持续健康发展奠定良好的基础。

为了加快生态循环农业技术集成创新，促进新型实用技术推广与应用，推动农业发展方式转变与产业转型升级，实现农业的生态高效与可持续发展。由浙江科技学院、嘉兴职业技术学院、浙江农林大学、浙江省农业生态与能源办公室、浙江省科学技术协会、浙江省循环经济学会共同牵头，邀请浙江大学、中国农业科学院、上海交通大学、浙江省农业科学院、浙江理工大学、浙江海洋学院、江苏省中国科学院植物研究所、温州科技职业学院、浙江省淡水水产研究所、江苏省海洋水产研究所、嘉兴市农业经济局、嘉兴市农业科学研究院、泰州市出入境检验检疫局、嘉兴市环境保护监测站、绍兴市农村能源办公室、上海市奉贤区食用菌技术推广站、乐清市农业局特产站、温州市篮丰农业科技开发中心等近 30 家单位长期从事生态循环农业技术研究与推广的 100 多位专家，合作开展生态循环农业实用技术研发及系列丛书编写，并按农业生产资源节约集约利用实用技术、农业废弃物循环利用实用技术 2 个系列分别进行技术集成创新与专题丛书编写。在全体研发与编写人员的共同努力下，研究工作进展顺利并取得了一系列的成果：发表了 400 余篇论文，其中 SCI 与 EI 收录 110 多篇；获得了 500 多个授权专利，其中发明专利 60 多个；编写了《农业生产节药实用技术》《湿地农业立体种养实用技术》《水肥一体化实用技术》《设施农业物联网实用技术》《秸秆还田沃土实用技术》《生物炭环境生态修复实用技术》《沼液无害化处理与资源化利用实用技术》《桑、果树废枝栽培食用菌实用技术》《屠宰废水人工湿地处理实用技术》《蚕桑生产废弃物资源化利用实用技术》等系列丛书20分册，其中"节约集约农业实用技术系列丛书"8册、"农业废弃物循环利用实用技术系列丛书"12册。

生态循环农业实用技术研发与系列丛书编写工作的圆满完成，得益于浙江省委农办、浙江省农业厅有关领导的亲切关怀和大力支持，也得益于浙江大学、中国农业科学院、上海交通大学、浙江省农业科学院、浙江理工大学、浙江海洋学院等单位领导的全力支持与积极配合，更得益于全体研发与编写人员的共同努力和辛勤付出。在此，向大家表示衷心的感谢，并致以崇高的敬意！另外，还要特别感谢中国工程院院士、国际欧亚科学院院士金鉴明先生和中国工程院院士方智远先生的精心指导，并为丛书作序。

由于时间仓促，编者水平有限，丛书中一定还存在着的许多问题和不足，恳请广大读者批评指正！

编委会

2014 年 3 月

前　言

　　丝绸是我国的伟大发明。同时，我国也是栽桑养蚕的发源地。栽桑养蚕自古以来就是我国的一个传统产业，丝绸产业对我国农民增收、生态建设等方面发挥了重要作用。近年来，由于各种因素的影响，蚕桑业的比较经济效益降低，我国传统蚕桑业大省，如广东、浙江和江苏等省蚕桑生产持续下滑。在此背景下，我们应加快传统茧丝绸业和蚕桑业的转型升级，加强蚕桑资源综合开发利用研究，在发展蚕丝业的同时，将现代科学技术融入新型产业，不断拓展产业领域，开发蚕桑资源广泛用途，最大限度综合利用蚕桑资源，来提高新型蚕桑茧丝绸产业的综合经济效益。

　　我国蚕桑副产品的药用历史悠久，如桑叶为桑科植物桑的叶子，在《神农本草经》中被称为"神仙叶"，其性寒、味甘苦，具有疏散风热、清肺润燥、清肝名目等功效，是常用中药之一。卫生部于1993年公布桑叶为药食两用资源。现代药物分析表明桑叶中含有黄酮、多糖、叶绿素和1-脱氧野尻霉素等多种活性成分。蚕蛹、蚕沙自古以来就作为中药使用，其药用价值早已经被我们祖先所认知，《本草纲目》记载："蚕蛹主治：炒食治风及劳损；为末饮服治小儿疳瘦，长肌退热、除蛔虫；煎汁饮治消渴。蚕沙治血瘀、血少。"全蚕粉具有降血糖的疗效，是Ⅱ型糖尿病患者的福音。

　　现代科学技术与传统蚕桑业相结合，使得传统蚕桑业焕发出了新的生机和活力。例如，在桑树资源方面，在研究桑树资源的食用、药用价值的基础上，开发出桑果汁、桑果酒、桑叶降糖茶、桑枝灵芝、桑枝地板、桑枝木炭等产品；在蚕的利用方面，以蚕蛹为原料提取蚕蛹蛋白、氨基酸和蚕蛹油，利用蚕蛹培养虫草，研制开发出蚕蛾胶囊、雄蛾酒等产品；以蚕沙为原料，提取叶绿素，生产畜禽饲料、枕头等。许多产品已经投放市场，成为了地方特色产业，产生了明显的经济效益，为蚕桑资源的高效再循环利用树立了典型。

　　本书结合近年来蚕桑资源综合利用的发明专利，对蚕桑资源综合利用的创新性成果加以归纳总结，旨在推动我国蚕桑资源综合开发利用的浪潮，促进我国蚕桑业的可持续发展。本书得到了浙江省循环经济学会，以及生态循环农业大型项目专项课题项目等资助，在此表示衷心感谢。

编　者

2015 年 3 月

目　　录

第一章 桑叶资源的开发利用研究

第一节 桑叶活性成分及其药理作用研究进展

桑叶又称"铁扇子"，为桑属植物桑树（*Morus alba* L.）的叶子，在我国桑树遍及全国 28 个省（自治区、直辖市），尤其以浙江、江苏等南方养蚕地区桑叶产量较大。桑叶自古以来就被作为一种传统中药应用于临床，对此《神农本草经》、《本草纲目》均有记载。桑叶性味苦、甘、寒，甘所以益血，寒所以凉血。甘寒相合，故下气而益阴，又能止咳，有补益之功。主治风热感冒、肺热燥咳、头晕头疼、目赤晕花等症。随着现代药物分析技术和药理学的研究发展，研究表明桑叶中含有多羟基生物碱 1-脱氧野尻霉素（1-deoxynojirimycin，DNJ）、黄酮类化合物和桑叶多糖等活性成分，桑叶提取物具有良好的降血糖、降血脂、抗癌、增强机体免疫力和减肥等功效。本节主要就桑叶中的 DNJ、黄酮类物质和桑叶多糖的药理作用进行了综述。

一、桑叶主要活性成分

1. 1-脱氧野尻霉素 1976 年，Yagid 等从桑根皮中首次分离得到 DNJ，这是 DNJ 作为天然产物首先被分离。此后，从桑叶中分离出了 DNJ，桑叶中的 DNJ 质量分数在 0.01%～0.40%。对云南的 59 种野桑品种的桑叶进行测定发现，采自云南开远地区的岩桑中的 DNJ 含量高达 0.7911%，是迄今为止报道桑叶中 DNJ 含量最高的桑树资源。DNJ 也存在于其他植物、微生物及家蚕体内，自然界以桑树中含量最高。通过试验，筛选出对桑叶

DNJ 吸附率和解析率较好的树脂，确定最佳的纯化 1-脱氧野尻霉素的方法：以 DXA-6 树脂装柱、pH10、原液浓度 0.352 毫克/毫升、流速 2.0 倍柱体积/小时条件下吸附。用 80%乙醇溶液以 2.5 倍柱体积/小时的流速洗脱。用该方法所得 DNJ 纯度较高，性能好。

2. 黄酮类化合物 目前已发现的桑叶黄酮类化合物有芸香苷（rutin）、槲皮素（quercetin）、桑色素（morin）等。以乙醇为溶剂的醇提法提取桑叶中的黄酮，通过正交实验法对桑叶黄酮的提取工艺进行了优化。确定了桑叶黄酮的最佳条件为：将原料超声预处理 40 分钟（800 瓦），以 80%的乙醇作为提取剂，按料液比 1∶8 提取，回流温度为 70℃，AB-8 大孔吸附树脂进行分离，以乙醇洗脱，黄酮获得率为 19.3 毫克/克。用此法提取的桑叶黄酮具有较好的稳定性，而且工艺流程简单、提取效率高，适合于工业化生产。

3. 桑叶多糖 桑叶多糖是桑叶的有效成分之一，以脱除黄酮的桑叶为原料，采用热水浸提法提取桑叶中多糖，提取温度为 100℃、提取时间为 4 小时、pH7.0、液料比 1∶30、提取 2 次，多糖提取率达 2.74%。利用微波辅助水提取得到桑叶粗多糖，再经过 Sephadex-G50 分离纯化得到了 2 个不同分子量的桑叶纯多糖 MPL1 和 MPL2，再利用高效凝胶色谱分析这两个组分多糖的分子量分别为 11 800D 和 7 630D，利用气相色谱对单糖成分分析，MPL1 和 MPL2 均由 D-果糖（D-Flu）、L-鼠李糖（L-Rha）、L-阿拉伯糖（L-Ara）、D-木糖（D-Xyl）和 D-葡萄糖（D-Glu）组成。

二、桑叶的药理作用

1. 降血糖作用 DNJ 作为糖苷酶的一种强烈抑制剂，它会阻碍麦芽糖和蔗糖等二糖与 α-糖苷酶的结合，因此，二糖就不能水解成葡萄糖而被直接送入大肠，进入血液中的葡糖糖减少，因而降低了血糖值。用 DNJ 对喂以不同碳水化合物的大鼠血糖值进行影响，结果表明：当同时加入 2 克/千克蔗糖时，60 毫克/千克的 DNJ 能完全抑制食后血糖值的增加，20 毫克/千克的 DNJ 能显著低降低血糖值且可持续 90 分钟。通过液相色谱——质谱法分离得到了纯度大于 95％的桑叶 DNJ，研究了其对蔗糖酶和麦芽糖酶的体外抑制试验，试验结果表明：桑叶 DNJ 对 α-糖苷酶具有明显可逆的非竞争性抑制作用，桑叶分离提取的 DNJ 能与 α-糖苷酶结合，并且亲和性明显高于麦芽糖、蔗糖等二糖，因此能有效抑制麦芽糖和蔗糖在肠道内的分解，降低单糖在肠道内的吸收量，进而抑制餐后血糖浓度升高。从而达到降低血糖，治疗糖尿病的功效。

利用从桑叶里提取、纯化的桑叶黄酮，通过对四氧嘧啶糖尿病小鼠进行实验，观察其对糖尿病小鼠糖化血清蛋白的影响和糖代谢的作用。对糖尿病动物模型小鼠随机分为 4 组：模型对照组，给蒸馏水；桑叶黄酮的高、中、低剂量（1.00 克/千克、0.50 克/千克、0.25 克/千克）组，分别灌桑叶黄酮；正常对照组，灌蒸馏水。实验结果显示：高、中、低剂量组的小鼠糖化血清蛋白含量均明显低于对照组，表明桑叶黄酮具有降低糖尿病小鼠糖化血清蛋白含量的作用；高剂量组小鼠的血清胰岛素含量明显高于模型对照组，高、中剂量组小鼠的肝糖元含量明显高于模型对照组；3 个剂量组小鼠的肝己糖激酶活力均高于模型对照组。由此可以看出，桑叶黄酮具有促进糖尿病小鼠血清胰岛素、肝己糖激酶的分泌和肝糖元合成等作用。

利用四氧嘧啶诱导小鼠成糖尿病模型，分为 4 组，分别为模型组（蒸馏水）和桑叶多糖 0.25 克/千克、0.50 克/千克、1.00 克/千克 3 个剂量组；另取正常小鼠设为对照组（蒸馏水）。试验结果表明，随着桑叶多糖剂量的增加，糖尿病小鼠症状逐渐缓解；高剂量的桑叶多糖组小鼠糖化血清蛋白水平降低显著，血清肝糖元和胰岛素水平明显增高，肝己糖激酶活性增强明显，肝脏超氧化物歧化酶活性增强明显。由此可见，桑叶多糖具有降低血糖、改善糖尿病症状的作用。利用水提法从桑叶中提取分离到桑叶多糖，并对其按照不同分子量段进行分离纯化，测得重均分子量 T1、T2、T3 分别为 $(8.2\pm0.3)\times10^4$、$(10.0\pm0.5)\times10^4$、$(11.7\pm0.5)\times10^4$，并对糖尿病模型大鼠进行灌胃试验。试验表明桑叶多糖中的 T3 多糖分子段在降血糖、降低胆固醇方面具有良好作用。

2. 降血脂作用 高脂血症是中老年人的常见病、多发病，是导致动脉粥样硬化和冠心病等心血管疾病发生的重要危险因素之一。现代研究表明，植物提取的黄酮类化合物具有降低血脂、清除体内自由基、抑制脂质过氧化的活性。从桑叶中提取分离得到黄酮类样品并配置成溶液，分别对急性高脂血症小鼠模型和高脂血症大鼠模型进行灌胃，实验结果表明：桑叶黄酮能显著抵抗急性高脂血症小鼠血清中的总胆固醇（TC）、甘油三酯（TG）和高密度脂蛋白胆固醇（HDL-C）的升高，同时升高血清中高密度脂蛋白胆固醇和低密度脂蛋白胆固醇的比值；桑叶黄酮同样对饲喂高脂饲料的大鼠模型也同样具有降低血脂的作用，而且降血脂作用随着剂量的升高而增强。因此，桑叶黄酮具有降血脂作用，对于预防动脉粥样硬化、冠心病等疾病应该有一定作用，研究开发桑叶中黄酮类化合物作为一种治疗心血管疾病的药物具有一定的意义。

3. 抑制肿瘤细胞的作用 Tsulomu Tsuruoka 等以小鼠 β-16 肺黑色素细胞肿瘤为模型，研究了与生物碱 DNJ 相关衍生物及其类似物的抗肿瘤转移活性，DNJ 对 β-16 肺黑色素肿瘤细胞转移抑制率是 80.5%，并阐明了抗肿瘤转移活性与抗糖苷酶和抗 β-葡萄糖苷酸酶活性可能有关系。从全蚕粉中得到 DNJ 分离物，分别配置成 2.5 毫克/毫升、5 毫克/毫升、10 毫克/毫升、20 毫克/毫升和 40 毫克/毫升 5 个浓度梯度的溶液，用人宫颈癌细胞 HeLa 细胞系做体外抗肿瘤活性试验。试验结果显示，DNJ 分离物能够抑制 HeLa 肿瘤细胞的增殖，随着剂量的增加，抑制效率升高，呈现剂量—效应依赖关系。当添加剂量为 20 毫克/毫升、40 毫克/毫升时，肿瘤细胞增殖能力完全丧失，绝大部分细胞死亡，残余细胞崩溃溶解，无完整结构，对肿瘤细胞的生长抑制率达到 86% 以上。蚕体内的 DNJ 主要是来之于桑叶中，由此证明，桑叶中的 DNJ 也具有抑制肿瘤细胞的生物活性。

医学研究表明，植物类黄酮的抗癌作用主要通过以下途径实现：抗氧化和清除自由基作用、抑制癌细胞生长、抗致癌因子和提高机体免疫力等。许多植物的抗癌活性主要来自所含的黄酮类化合物。杨燕从桑叶中提取分离得到 3 个黄酮类化合物：mulberrofuran F1、mulberrofuran F、chalcomoracin。经药理活性筛选发现，这三种黄酮类化合物对人体肿瘤细胞 A549、Bel7402、BGC823、HCT-8 以及 A2780 具有抑制作用。

4. 抗氧化作用　医学研究表明，许多疾病如心脑血管疾病、糖尿病、癌症等与过量的自由基，如活性氧/活性氮（ROS/RNS）引起的氧化应激，对 DNA、蛋白质及生物酶产生损伤关系密切。桑叶黄酮具有清除自由基（·OH）的作用，自由基的清除是抗氧化剂发挥抗氧化作用的主要机制。桑叶总黄酮作为天然抗氧化剂能提高细胞清除自由基能力，在抗氧化、抗衰老和预防癌症等方面具有一定作用，作为抗氧化药物具有广阔的开发应用价值。

利用龙桑叶黄酮提取物对油脂的抗氧化实验表明，在食用菜籽油中添加龙桑叶黄酮提取物可显著抑制食用菜籽油的氧化，龙桑叶黄酮提取液与其他常见抗氧剂的抗氧化性相比较，0.02% 龙桑叶黄酮提取液抗氧化效果不如抗坏血酸和柠檬酸，但是 0.04% 和 0.06% 的龙桑黄酮提取液抗氧化效果明显强于柠檬酸和抗坏血酸，且抗坏血酸和龙桑叶黄酮具有较强的协同抗氧化作用。

三、桑叶的药用开发前景和展望

今后对桑叶的研究应重视对桑叶中重要生物活性物质的提取分离、生物活性筛选、药理作用研究与其医药保健品的深度开发结合起来，进行全面系统地研究，充分发掘和开发桑叶的医药保健功能，提高人们对桑叶综合利用产品的认识。随着回归自然的呼声越来越高，天然植物来源的药物和功能性食品越来越受到人们的重视和欢迎。桑叶作为药食两用品，安全且无任何毒副作用。因此，对桑叶的药用食用开发具有十分重要的意义。随着对桑叶有效活性成分的不断深入研究，以桑叶有效成分开发相关的药品及功能性食品将成为发展趋势。

第二节　桑叶活性成分提取技术

桑叶的活性成分十分丰富，主要活性成分有桑叶黄酮、多糖、多羟基生物碱、多酚等。其中桑叶黄酮、多糖类物质和多羟基生物碱具有显著的降血糖、降血脂功效。桑叶中活性成分通过提取、加工，可以做成相关药品保健品生物制剂。这对桑叶资源的深加工利用起到重要的推动作用。

一、桑叶 γ-氨基丁酸的提取技术

γ-氨基丁酸（GABA）是一种功能性的非蛋白质氨基酸。自Stewatd 等人于 1949 年首次在土豆茎块中发现之后，Roberts 和 Udenfriend 在 1950 年也分别在哺乳动物大脑中发现了 GABA 的存在，随后的研究表明，GABA 分布广泛，在动物、植物和微生物中均有存在，是哺乳动物神经中枢的一种抑制性递质，具有重要的生理功能，有调节血压、促使精神安定、促进脑部血流、增进脑活力、营养神经细胞、健肝利肾等多种功效。临床医学的研究认为，GABA 对改善动物的生理代谢有着重要的活性功能，

能有效改善脑血流通，增加氧的供给，促进脑的代谢功能和提高生物机体的免疫能力，且具有抑制抗利尿荷尔蒙激素的分泌，扩张血管，降低血压，防止动脉硬化的作用，在神经系统的发育过程中具有营养作用，是一种神经营养因子，应用前景广阔。

随着对 GABA 生理功能的深入了解，它作为一种新型的功能性因子越来越引起医药、食品、化工、农业等行业的关注，成为开发研究的热点。华南农业大学的林健荣等发明了一种新的从桑叶中提取 γ-氨基丁酸的技术，该技术克服了 γ-氨基丁酸提取工艺的不足，提供了一种简单、高效和得到高纯度产品的桑叶 γ-氨基丁酸提取方法，并对它的功效做了动物实验。

（一）技术路线（图 1-1）

1. 桑叶的干燥与粉碎　采摘成熟桑叶，采后用清水冲洗去掉附着在桑叶表面的灰尘，晾干，置烘箱中用 83℃烘 32 分钟，然后降温至 67℃烘 4 小时。干燥后的样品进行粉碎，装袋密封后低温（0～5℃）保存备用。

2. 制备 γ-氨基丁酸的粗提液　按照桑叶粉重量（克）：水体积（毫升）为 1∶35 的比例往干桑叶粉中加水，浸泡 13 分钟，然后在微波 144 瓦、超声波 50 瓦的条件下进行超声波—微波协同萃取，时间 170 秒，萃取液通过离心去沉淀，收集上清液，旋转蒸发浓缩。

3. γ-氨基丁酸的分离纯化

（1）沉淀法去除部分杂质蛋白和多糖类物质　按粗提液∶无水乙醇的体积比为 1∶2 倍量加入无水乙醇，过夜，然后 3 000 转/分钟离心 10 分钟，弃沉淀，旋转蒸发浓缩。

（2）大孔树脂 S-8 分离及除色素　树脂湿法装柱（2.5 厘米×70 厘米），充分平衡后，取经醇沉淀法分离的提取液，调 pH 为 5，上样，流速控制 2 毫升/分钟，进行分离及除色素处理，收集溶液，浓缩。

（3）葡聚糖凝胶 G-10 分离纯化　将经过去除色素处理后的

浓缩液上柱，蒸馏水洗脱，流速3毫升/分钟，自动收集器收集洗脱液，Berthelot法检测或用茚三酮试纸检测，收集含GABA的滤液，进行旋转蒸发，浓缩。

（4）阳离子树脂分离纯化　用732磺酸型阳离子树脂作进一步的分离纯化。将经过G-10分离的浓缩样本液调pH为3，上柱，流速控制2毫升/分钟，吸附完毕后用蒸馏水洗至pH为6，然后用0.25摩尔/升氨水进行洗脱，洗脱过程中不断用茚三酮丙酮试纸检测pH变化。当茚三酮反应呈蓝色pH为6时，收集流出液，直至茚三酮蓝色反应消失为止（也可用硅胶薄板层析进行检测），合并流出液，进行浓缩，冷冻干燥。

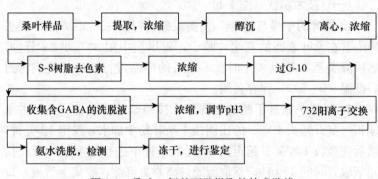

图 1-1　桑叶 γ-氨基丁酸提取的技术路线

（二）桑叶 γ-氨基丁酸的生物活性实验

1. 对生长的影响　实验方法：将本发明制备得到的桑叶 γ-氨基丁酸（GABA）用灌胃法处理 NIH 系雄性小鼠，自由摄食和饮水。用桑叶 γ-氨基丁酸灌胃处理前，先进行适应性喂养 7 天，然后开始灌胃处理，受试小鼠设低剂量组、中剂量组、高剂量组和对照组，每组 6 只，设 2 个重复。每天的 GABA 灌胃量分别为 0.15 克/千克、0.3 克/千克、0.9 克/千克（GABA/小鼠体重，为人体推荐用量的 5 倍、10 倍、30 倍），连续灌胃 4 周。每天记录小鼠的生长发育状况，称量体重，检测相关指标，进行差异性的比较分析。

实验结果表明，从灌胃处理开始到结束经过 4 周后，小鼠的体重增长率，对照组、低剂量组、中剂量组、高剂量组的增重比率分别为：26.1%、28.4%、26.9%、26.6%，低剂量试验组比对照组的体重增加率提高了 2.3 个百分点，说明本发明桑叶 γ-氨基丁酸对小鼠生长发育有促进作用（表 1-1）。比较其差异水平，经 t 检验，各剂量组与空白对照组之间的体重差异不显著（$P > 0.05$）。从不良影响的角度去分析，桑叶 GABA 对小鼠发育体重的增长无不良影响。

表 1-1　GABA 对小鼠发育体重增长的影响

组　别	初始时体重（克）	结束时体重（克）	体重增加率（%）
对照组	29.63±3.17	37.36±2.55	26.1
低剂量组	30.23±2.70	38.81±2.26	28.4
中剂量组	30.22±1.86	38.35±3.20	26.9
高剂量组	29.51±3.39	37.36±1.80	26.6

注：体重增加率=初始体重/结束体重；表中小鼠体重为平均值，$n=12$。

2. 增强抗疲劳能力的效果实验　用桑叶 γ-氨基丁酸（GABA）采取灌胃法处理 MH 系雄性小鼠 4 周后，通过负重游泳，观察小鼠在水中游泳时间的长短，以游泳时间的长短来衡量其抗疲劳的能力，结果见表 1-2。

从表 1-2 的结果可以明显看到，经用桑叶 GABA 灌胃法处理的 NIH 系雄性小鼠，负重游泳经过的时间比对照组长，低剂量组、中剂量组、高剂量组分别比对照组提高 53.92%、169.35% 和 111.47%。经 t 检验，低剂量组与对照组相比，差异显著；中、高剂量组与对照组相比，差异极显著。说明桑叶 GABA 具有增强抗疲劳的显著效果。

表1-2 GABA灌胃法处理小鼠4周后负重游泳的经过时间

组　别	游泳经过时间（秒）	提高耐力时间的比率（%）
对照组	322.7±22.5	100.00
低剂量组	496.7±53.7 *	153.92
中剂量组	869.2±117.7 * *	269.35
高剂量组	682.4±52.7 * *	211.47

注：游泳经过时间为小鼠从放下水至体力衰竭下沉时；* 表示差异显著（$P<0.05$，$n=6$）；* * 表示差异极显著（$P<0.01$，$n=6$）。

3. 对发育生理影响的检验实验　为评价桑叶GABA的生物安全性，解剖用桑叶GABA灌胃法处理4周后的NIH系雄性小鼠，选择了重要的组织器官进行生理生化的检测分析。

（1）小鼠脏体组织器官比值的变化　比较处理组与对照组的脏体发育情况，调查结果如表1-3所示。

表1-3 处理组与对照组小鼠的脏体组织与体重的比值

组　别	体重（克）	肝脏/体重（克/100克）	心脏/体重（克/100克）	脾脏/体重（克/100克）	肾脏/体重（克/100克）
对照组1	38.5±0.85	4.69±0.12	0.50±0.03	0.48±0.07	1.59±0.17
对照组2	38.6±2.12	4.71±0.09	0.46±0.02	0.52±0.10	1.53±0.17
低剂量组	38.0±2.02	4.57±0.26	0.48±0.04	0.48±0.07	1.54±0.07
中剂量组	37.6±2.48	4.84±0.20	0.48±0.04	0.37±0.08	1.62±0.10
高剂量组	38.2±1.70	5.56±0.37 *	0.45±0.07	0.42±0.12	1.62±0.13

注：对照组1为没有经过负重游泳处理；对照组2和各处理组均经过负重游泳处理；* 表示差异显著（$P<0.05$，$n=6$）。

在脏体组织器官/体重比方面，高剂量处理组的NIH系雄性小鼠的肝脏/体重比，比对照组重，差异达到显著，表明高剂量的GABA喂养，会引起小鼠肝脏的增重增大。对心脏、脾脏和肾脏的影响，从脏体组织器官比值的变化来看，则差异不明显，认为无不良的影响。

（2）小鼠血液中乳酸、尿素氮和肝糖原的变化　为分析桑叶GABA对小鼠生理代谢的影响，检测了处理组和对照小鼠血液中的乳酸、尿素氮和肝糖原的含量变化，结果如表1-4所示。

表1-4　处理组与对照组小鼠血乳酸、血尿素氮、肝糖原的含量

组别	血乳酸 （毫摩尔/升）	血尿素氮 （毫摩尔/升）	肝糖原 （毫摩尔/升）
对照组1	4.26±0.82	6.48±0.62	10.23±0.32
对照组2	8.33±0.56＊	9.40±0.53＊＊	4.89±0.15＊＊
低剂量组	6.97±0.62＊	7.02±0.81＊＊	6.20±0.39＊
中剂量组	7.10±0.73＊	6.78±0.42＊	6.65±0.49＊
高剂量组	6.35±0.66＊	8.83±0.04	5.12±0.36

注：对照组1为没有经过负重游泳处理；对照组2和各处理组均经过负重游泳处理。差异性比较时，对照组1与对照组2作比较；处理组则与对照组2作比较。＊表示差异显著（$P < 0.05$）；＊＊表示差异极显著（$P < 0.01$）。

从表中结果可以看到，同是对照组的小鼠，游泳处理与不游泳处理，小鼠血液中的乳酸、尿素氮和肝糖原会发生很大的变化，小鼠经过游泳处理后，血尿素氮、血乳酸水平升高，肝糖原含量显著降低，说明游泳时，小鼠会改变体内的生理生化代谢，从而获取能量，支持其运动。

比较处理组与对照组2的差异变化，处理组的小鼠的血乳酸含量显著低于游泳对照组。低、中剂量处理组血尿素氮极显著低于游泳对照组，高剂量处理组也低于游泳对照组。肝糖原含量是处理组高于游泳对照组，尤其是低、中剂量处理组极显著高于游泳对照组。由此表明，小鼠经过桑叶GABA喂养后，在发生剧烈运动（放在水中游泳至力衰竭下沉）时，其血乳酸、血尿素氮的升高比对照组低，而肝糖原的下降比对照组少。这表明桑叶GABA有增强小鼠抗疲劳的耐受能力的作用。

4. 技术特点　γ-氨基丁酸（GABA）提取技术利用桑叶为原料，利用简单易行的生物化学和生物分子筛的技术方法，从桑叶

中分离制备出高纯度的 γ-氨基丁酸白色结晶体,并进行了活性研究,分析了桑叶 GABA 的生物活性和作用功能,证明了桑叶含有丰富的 GABA,具有容易提取,生产成本较低的资源优势,为进一步开发桑叶在非绢丝产业上的新用途提供了相应的新技术。同时,提出了将桑叶 GABA 应用于医药、保健食品、畜牧业等领域的新思路,使之成为延伸与发展丝绸之路的新亮点。

该方法不仅从桑叶中提取得到了 γ-氨基丁酸,而且成功制备出高纯度的白色结晶的桑叶 γ-氨基丁酸,通过动物试验证明了具有促进生长发育、增强抗疲劳的功能,且证实其无不良的副作用,是一种新型的、源自桑叶具有活性功能的天然新原料,在医药、食品、化工、农业等行业有广泛的应用前景。从桑叶中提取 γ-氨基丁酸的方法简单,工艺条件成熟,适合工业化生产的要求,容易应用推广。

二、1-脱氧野尻霉素的提取方法

桑叶被用来治疗消渴之症(即糖尿病)已在中医领域长期应用。现代药理研究明,桑叶含有一种多羟基生物碱 1-脱氧野尻霉素(DNJ),能竞争性地抑制麦芽糖酶、蔗糖酶和乳糖酶等活性,阻止二糖分解为单糖,从而防止血糖浓度升高,有效延缓糖尿病及其并发症的发作和恶化。

通过检索文献发现,从桑叶中提取 1-脱氧野尻霉素的方法较多,多数是根据 1-脱氧野尻霉素的化学性质,选用适宜的溶剂和提取技术将 1-脱氧野尻霉素从桑叶中提取出来。这些方法虽然技术简单,易于操作,但是提取时间长达 1～2 小时,提取溶剂使用量大,造成提液中的杂质增多,给后期的分离纯化带来了困难,因此提高了成本,浪费了资源。马全民在其他方法的基础上,研究了一种从桑叶中提取分离高纯度 1-脱氧野尻霉素的方法。

提取步骤如下。

(1)将桑叶药材粉碎,过 40 目筛。

（2）取 10 千克桑叶粉，采用 75％乙醇在 60℃条件下提取 2 次（溶媒倍量分别为 10 倍和 8 倍），每次 1 小时。

（3）合并提取液，离心，60℃真空减压浓缩至约 20 升。

（4）浓缩液过超滤膜，超滤液加盐酸调 pH 至 3.0，离心，得酸化液。

（5）取 2 升酸化液，上柱体积为 1 升的 001×8 树脂柱，水洗 3 倍柱体积后，再用 3 倍柱体积浓度为 1.0％氨水洗脱，流速为 1 倍柱体积/小时，收集 pH9～12 的洗脱液。

（6）取氨水洗脱液 3 升，用盐酸调至中性；上柱体积为 1 升的 D101 大孔树脂柱，水洗 2 倍柱体积后，再用 2 倍柱体积浓度为 10％～70％的乙醇溶液梯度洗脱，流速为 1 倍柱体积/小时，分步收集洗脱液。

（7）合并乙醇浓度为 20％～40％的洗脱液，真空减压浓缩（55～60℃）后，真空干燥，得含量为 45.2％的粗品，总转化率为 85.4％，收率为 0.51％。

（8）取制得的粗品 8.0 克，200 毫升无水乙醇溶解，过碱性氧化铝吸附柱，收集流出液，真空减压浓缩（55～60℃）至适当体积，常温结晶、重结晶 1～2 次，得含量 98.3％的 1-脱氧野尻霉素精制品。具体步骤如图 1-2。

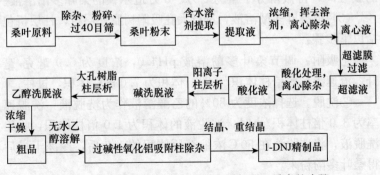

图 1-2　桑叶中提取分离高纯度 1-脱氧野民霉素的步骤

三、桑叶多酚的提取及应用技术

桑叶中富含多酚类物质，主要多酚类物质包括绿原酸、芦丁、儿茶素、丁香酸、龙胆酸、表儿茶素、4-甲基邻苯二酚、槲皮素、山奈素等。动物实验结果表明摄入多酚类化合物如矢车菊素-3-葡萄糖苷（C3G）可以降低大鼠血清脂质过氧化产物含量，增强血清对脂质过氧化反应的抵抗性。除上述直接的抗氧化作用外，多酚类化合物还改变了许多氧化应激有关的病理生理过程。Bendia 等发现矢车菊素-3-葡萄糖苷（C3G）可以调节肝星形细胞增生和Ⅰ型胶原蛋白的合成，对预防肝脏慢性纤维化有一定作用。桑叶多酚物质中的黄酮化合物具有抗氧化、清除自由基的性质，是其具有某些生理活性的基础。

（一）桑叶多酚的制备方法

（1）取桑叶粉末，加入其 10 倍重量的体积浓度为 80％乙醇磷酸溶液，调节 pH 为 4，温度为 55℃，超声—微波协同萃取 3 次，调节超声波频率 40 千赫兹，微波功率为 100 瓦，合并提取液，过滤，浓缩至原体积 2/5 的浓缩液，得桑叶多酚粗提液。

（2）取桑叶多酚粗提液经截留分子量为 5 万和 8 万道尔顿的膜分离，得截留分子量为 5 万～8 万道尔顿的桑叶多酚溶液。

（3）取桑叶多酚溶液，进行大孔吸附树脂柱层析，柱层析包括以下步骤：

①吸附。调节桑叶多酚溶液 pH4.0，浓度为 5.0 毫克/毫升，流速为 5.5 倍柱体积/小时，体积为 7.0 倍柱体积，过柱；

②洗脱。选择浓度为 80％的乙醇溶液作为洗脱液，洗脱速率为 3.0 倍柱体积/小时，洗脱液的体积为 4.0 倍柱体积，收集洗脱液，将洗脱液在 50℃浓缩至原体积的 1/2 后，冷冻干燥后得桑叶多酚粉末。

（二）桑叶多酚微胶囊的制备

桑叶多酚粉末的稳定性较差，在潮湿、阳光、高温等条件下极易发生氧化、聚合、缩合等反应。另外，由于桑叶多酚自身存在的异味，同样影响了其进一步的应用。因此为了避免多酚类化合物的自动氧化从而提高其生物活性，广东省农业科学院蚕业与农产品加工研究所的邹宇晓发明了一种桑叶多酚的制备方法及其微胶囊的利用。微胶囊技术是将固、液、气态物质包埋到微小、半透性或封闭的胶囊内，使内容物在特定的条件下以可控的速度释放的技术。这一微小封闭的胶囊即微胶囊，其大小通常为1～1 000微米。微胶囊化的主要目的包括：可控制释放，极大提高有效成分的生物利用度；改变药物的物理性质，增加药物的稳定性；避免首过效应，减少不良反应；改变药物的性状，减少复方制剂中药物之间的配伍禁忌；掩盖不良异味与刺激性等。

将羟丙基甲基纤维素邻苯二甲酸酯（HPMCP）溶于体积浓度为80％的乙醇溶液中，高速分散器分散，混合均匀后得微胶囊壁材，按桑叶多酚和羟丙基甲基纤维素邻苯二甲酸酯（HPMCP）的重量比1.5∶1加入桑叶多酚，并加入占芯壁材总重量3％的十二烷基硫酸钠，调节总固形物的重量含量为5％，用高速分散器持续处理30分钟，混匀，将所得溶液进行喷雾干燥，可得到桑叶多酚微胶囊产品。

四、桑叶黄酮的提取制备技术

桑叶总黄酮是桑叶中的主要活性成分。桑叶黄酮类成分主要包括芦丁、槲皮素、异槲皮素和二氢山萘等。桑叶（干重）中含总黄酮类化合物约为2.53％左右，是所有植物茎叶黄酮类化合物含量较高的一种。现代药理学研究证明，桑叶黄酮具有降血糖、抗炎、抗氧化和降血脂等功效。

目前桑叶总黄酮的提取主要是以酒精溶液为溶剂，提取法有超声辅助法、热回流提取法、浸提法和超临界 CO_2 提取法等。这些方法不同程度地存在提取时间长、效率低等问题，无法满足人们对现代化大生产的需求。微波辅助提取（Microwave-Assisted Extraction，MAE）是利用微波加热来加速溶剂对固体样品中目标萃取物的萃取过程。其作用机理是微波射线能够使植物细胞内温度突然升高，使其内部压力超过细胞壁膨胀能力而导致细胞破裂，使细胞内物质传递到周围溶剂中被溶解而使提取率大大提高。水是吸收微波最好的介质，水作为一种极性溶剂，可以有效吸收微波能，促进细胞壁的溶胀破裂，提高植物有效成分的提取效率。贺伟强首次以水作为提取溶剂结合微波辅助提取的方法来提取桑叶黄酮。

（一）桑叶黄酮提取步骤

（1）将新鲜桑叶洗净、干燥、粉碎后过160目得桑叶粉。

（2）在桑叶粉中加入一定量的纯净水，混合均匀，密封后放入微波萃取仪中进行微波辅助提取，提取一次。

（3）提取完成后，将提取液过滤，测定总黄酮提取率。

步骤（1）中桑叶洗净后于50℃烘箱干燥，使干燥后的桑叶含水量在5％以下；步骤（2）中微波功率为500瓦，提取时间2～6分钟，提取温度为90～100℃；步骤（2）中桑叶粉和纯净水的比例在1∶25～1∶30克/毫升。

采用本方法得到的桑叶提取液，用"亚硝酸钠－硝酸铝－氢氧化钠比色法"测定总黄酮的含量达到2.22％左右。

（二）具体实施方式

将采摘的新鲜桑叶冲洗干净，自然晾干后放入烘箱，50℃烘12小时，使桑叶含水量降至5％以下。将干燥后的桑叶放入高速粉碎机粉碎，然后过160目得到桑叶粉。取0.2克桑叶粉放入微波萃取管中，按照1∶29克/毫升的比例加入纯净水，然后密封后放入微波萃取仪中进行萃取，功率为500瓦，提取温度为100℃，提取时间为2分钟。提取完成后，将提取液过滤至10毫升容量瓶中，定容，采用"亚硝酸钠－硝酸铝－氢氧化钠比色法"在 510 纳米测定提取液吸光值，计算桑叶总黄酮的提取率达到 2.189%。

（三）本提取方法的优势

本方法以水作为提取溶剂，不仅环保，而且大大降低了提取桑叶总黄酮的生产成本；在微波的作用下，桑叶的细胞壁破裂，导致黄酮类成分充分溶出扩散到溶剂中，从而提高了提取率；同时微波能够破坏叶绿素的结构，避免叶绿素颜色在测定吸光值时的影响。上述桑叶中总黄酮的提取方法，可以在制备食品、药品中应用，达到充分利用桑叶资源的目的。

（四）与其他提取方法的对比

为了验证本提取方法的提取效果，与以下几种提取方法进行了对比：

1. 热回流提取 取 1 克桑叶粉，按照 1：29 克/毫升的比例加入纯净水，100℃ 条件下提取 80 分钟，提取液过滤，定容于 50 毫升容量瓶，测定吸光值，计算总黄酮提取率。

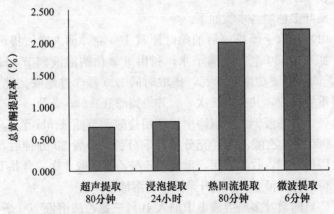

图 1-3 为采用不同提取方法的总黄酮提取率的柱状图

2. 超声辅助提取 取 0.2 克桑叶粉，按照 1：29 克/毫升的比例加入纯净水，于 60℃ 条件下提取 80 分钟，提取液过滤，定容于 10 毫升容量瓶，测定吸光值，计算总黄酮提取率。

3. 浸泡提取　取 0.2 克桑叶粉，按照 1：29 克/毫升的比例加入纯净水，于室温条件下浸泡 24 小时，提取液过滤，定容于 10 毫升容量瓶，测定吸光值，计算总黄酮提取率。

如图 1-3 所示，上述 3 种方法总黄酮提取率和本发明的总黄酮提取率相比，本发明的总黄酮提取率明显高于现有技术中的其他 3 种方法。

五、桑叶多糖的制备技术

现代药理学实验表明，桑叶多糖可以通过多靶点途径来预防和治疗糖尿病的作用。我国每年桑叶产量达 1 000 万吨，除了用于养蚕之外，约有 250 万吨因过剩而浪费。为了开发桑叶资源和生产天然降血糖保健品、药品，利用现代分离技术提取桑叶多糖具有重要的意义。浙江工业大学的章华伟教授采用微波辅助提取桑叶多糖的方法，获得了高纯度的桑叶多糖，产品中桑叶多糖的含量在 60% 以上。

桑叶多糖制备步骤如下。

（1）称取干燥粉碎后的桑叶原料 100 克，倒入微波提取罐中，加入 1 000 毫升去离子水，利用氢氧化钠溶液调节 pH 至 8.5，调节微波功率 650 瓦，提取时间 200 秒，过滤收集滤液，滤饼重复提取，共提取 3 次，合并得到滤液 2 600 毫升。

（2）将滤液倒入萃取罐中，利用盐酸调节滤液 pH 至 2，加入 7 000 毫升乙酸乙酯，充分搅拌 5 分钟，静置 30 分钟后，除去上层相溶剂，收集下层，重复用乙酸乙酯萃取 2 次，合并下层液，得到保留液 2 500 毫升桑叶多糖溶液Ⅰ。

（3）向桑叶多糖溶液Ⅰ中加入 10% 三氯乙酸溶液 200 毫升，调节 pH 至 3，充分搅拌 5 分钟，降低溶液温度至 4℃，静置 12 小时后，离心除去沉淀物，离心转速 5 000 转/分钟，收集上清液得到 2 600 毫升桑叶多糖溶液Ⅱ。

（4）将桑叶多糖溶液Ⅱ进行超滤浓缩，滤膜截留分子量5 000道尔顿，得到浓缩液多糖含量为5％的桑叶多糖溶液Ⅲ65毫升。向多糖溶液Ⅲ溶液中加入95％乙醇300毫升，充分搅拌5分钟，降低溶液温度至4℃，静置18小时后，离心，取沉淀物。

（5）利用100毫升无水乙醇洗涤沉淀物，沉淀物减压低温干燥（-0.085兆帕，60℃）后，粉碎至60目，得到浅黄色粉末4.2克，经苯酚—硫酸法测定该产品桑叶多糖含量达62.5％。

第三节　桑叶食品及保健品的生产技术

近年来，随着健康饮食的价值回归，桑叶作为药食两用类原料逐渐被人们所利用。目前除了用桑叶养蚕外，桑叶还是一种很好的新功能食品的原料。桑叶作为绿色无污染的保健食品，正越来越受人们的欢迎，目前已经开发出许多种食品和保健品，如桑叶茶、桑叶面条桑叶菜等。从未来发展趋势来看，开发桑叶保健产品潜力大，制作桑茶保健食品，是广大蚕区增加收入的新途径。

一、桑叶减肥茶的生产

桑树为桑属植物桑科多年生落叶小乔木植物，桑叶为桑树的叶，是桑树的主要产物，约占地上部产量的64％。桑叶每年可摘3~6次，生命力很强。目前除养蚕外，出现了大量桑叶过剩的现象，浪费了大量宝贵资源。桑叶不仅含有丰富的氨基酸、脂肪、碳水化合物、维生素和钙、铁、锰、锌等矿物质，且富含人体所必需的多种生物活性成分。但随着生活物质水平的提高，肥胖已经成为伴随幸福生活的大隐患，不管是为了自身身体健康，还是为了美，减肥已经成为当下最流行的话题。桑叶含丰富的纤维素，有导泻通便、保护肠黏膜和减肥的作用。

（一）桑叶减肥茶原料组成

桑叶减肥茶包括桑叶主料和中药辅料。所述中药辅料中，各种原料的重量份数比为：麦冬 10～20 份、茯苓 10～20 份、金银花 10～20 份、党参 10～20 份、佩兰 10～20 份、绞股蓝 10～20 份、紫花地丁 10～20 份、玉竹 10～20 份、紫苏叶 10～20 份、白花蛇舌草 10～20 份、山药 10～20 份、知母 10～20 份、川弓 10～20 份、丹参 10～20 份、薏仁 10～20 份、白术 10～20 份、地桃花 10～20 份。

（二）桑叶减肥茶生产工艺

1. 选料 采摘没有病虫，叶大，叶层厚，鲜嫩的桑叶，注意采摘时不要挤压，平坦地放于竹篮竹筐中。

2. 冲洗摊晒 将桑叶放入清水洗涤，洗去浮灰脏污即可，不要大力揉搓，最好每片桑叶平坦，将洗好的桑叶放到竹席上摊晒，注意通风，翻转，使其自然干透。晾晒时间在 10～12 小时即可。

3. 杀青 将晾晒好的桑叶放入电砂锅中杀青，在 50～80℃下杀青 20～30 分钟。

4. 揉捻炒熟 将杀青后的桑叶取出后自然晾干，用手揉捻，或放入大铁锅内进行，先向下后向上，用力要均匀，当细丝叶条索较紧，变成茶色时放入 80～120℃的烘焙机里翻炒 30～45 分钟成型。

5. 成型 将翻炒好的桑叶自然晾干，放入提香机中提香 20～30 分钟，温度控制在 80～100℃中，取出后自然晾干。

6. 提香 将翻炒好的桑叶自然晾干，放入提香机中提香 30～45 分钟，温度控制在 80～100℃中，取出后自然晾干。

7. 其他中药辅料制粒 将其余原料麦冬、茯苓、金银花、党参、佩兰、绞股蓝、紫花地丁、玉竹、紫苏叶、白花蛇舌草、山药、知母、川弓、丹参、薏仁、白术和地桃花制成颗粒或粉末。

8. 包装　将上述制好的粉末或颗粒，与前述晾晒好的桑叶混合，按 1∶10 的重量混合，然后即可包装出品，可分装成 10～15 克的小茶包，也可整体混合成袋出售。

二、桑叶膳食纤维的制备技术

膳食纤维（Dietary Fiber，简称 DF），是 1972 年由 Trowels 等人提出的，其定义为：不被人体胃肠道消化酶所消化吸收，但能被大肠内的某些微生物部分酵解和利用的多糖类碳水化合物与木质素的合称。膳食纤维广泛存在于多种植物和微生物中，因其独特的保健功能而逐渐被人们所重视。许多研究表明，膳食纤维素具有很多功能特性，如抗癌作用、降低胆固醇含量、调节血糖水平、预防肥胖病的发生等，膳食纤维具有平衡人体营养、调节机体功能的保健功能。膳食纤维作为功能食品的基料，具有巨大的消费市场，潜在的消费市场更为广阔，蕴藏着不可估量的经济价值。据悉，在欧美地区高纤维类产品的年销售已过 300 亿美元，在日本食用纤维素类产品的年销售近 100 亿美元。

研究发现，桑叶中含有膳食纤维约 51%，其中可溶性膳食纤维占 10%，不溶性膳食纤维占 41%，理论上说明桑叶是生产膳食纤维的优质原料。如能将桑叶在用于提取膳食纤维素上得以发展，不但可以进一步提高桑叶的利用价值，还可增加栽桑业的经济效益，保护和发展本国的传统产业。华南农业大学的刘吉平老师研究一种桑叶中水溶性膳食纤维和水不溶性膳食纤维的提取方法，其中水溶性膳食纤维（SDF）的提取：利用酸液加热桑叶粉，将滤液用乙醇沉析出水溶性膳食纤维；水不溶性膳食纤维（IDF）的提取：提取水溶性膳食纤维所剩残渣在经过去脂肪和去蛋白后，即可得水不溶性膳食纤维，具体实施如下。

（一）桑叶膳食纤维的制备流程

1. 桑叶预处理　桑叶（品种为大 10），采摘后经 60℃烘干，机械粉碎，过 40 目筛，备用。

2. 水溶性膳食纤维（SDF）的提取

（1）先将桑叶粉用 40℃ 蒸馏水泡 2 小时，用流动水漂洗干净，沥干水后置于烧杯中。

（2）再将桑叶粉按 V（桑叶粉）：V（水）＝1：10 加水，用食品级的无水柠檬酸调至 pH 为 1.0，于 90℃ 水浴中恒温提取 90 分钟，以双层滤布过滤，将残渣再加 5 倍体积水，以相同条件再抽提一次，滤渣另置，合并滤液；将滤液在 3 800 转/分钟、15 分钟条件下离心，取上清液，弃去沉淀。

（3）上清液经减压浓缩至原体积的 1/3，再加入 4 倍体积的 95％ 乙醇沉析，抽滤，沉淀用无水乙醇反复洗涤，在 40℃ 下真空干燥，真空度为 0.085 兆帕，得水溶性膳食纤维。经粉碎得水溶性膳食纤维粉，得率为 8.58％（以干粉计）。

3. 水不溶性膳食纤维（IDF）的提取 提取水溶性膳食纤维过滤所得滤渣中不仅含有大量的膳食纤维，而且还含有大量杂质，所以滤渣须经除杂后方得纯度较高的水不溶性膳食纤维。具体工艺为如下。

（1）将前述步骤（2）另置的滤渣置于烧杯中，加入 6 倍体积的水，然后用 5 摩尔/升 NaOH 液调至 pH＝12.0，浸泡 30 分钟，用滤布过滤，流动水反复漂洗至中性。

（2）再加 2 倍体积水，用 6 摩尔/升盐酸调至 pH2.0，60℃ 水浴恒温提取 1 小时，过滤，滤渣反复漂洗至中性，真空干燥后粉碎过 100 目筛，即得较精制的水不溶性膳食纤维粉，得率为 41％（以干粉计）。

在提取水不溶性膳食纤维的工艺中，如果不经过漂白脱色处理，所获的膳食纤维颜色通常为黄褐色，产品的感观质量不是最优，选取质量分数 6％ 的双氧水作为脱色剂进行脱色，效果较为明显。也可选择次氯酸钠作为脱色剂，经实验总结，采用质量分数 40％ 的次氯酸钠溶液作脱色剂，脱色时间 60 分钟，比用双氧水作脱色剂的效果要好得多。脱色处理完以后用水浸泡过夜、反复漂洗，以除去残余的次氯酸钠。

（二）水不溶性膳食纤维功能特性的分析

1. 膨胀力　准确称取水不溶性膳食纤维 1 克置于 100 毫升量筒中，吸取 50 毫升的水加入其中，振荡均匀后室温放置 24 小时，读取液体中膳食纤维的体积，计算膨胀力。

$$膨胀力 = \frac{溶胀后纤维体积（毫升）-干品体积（毫升）}{样品干重（克）}$$

2. 持水力　准确称取水不溶性膳食纤维 1 克放入烧杯中，加入 50 毫升的水浸泡 1 小时，滤纸沥干后，转移到表面皿中称量，计算持水力。

$$持水力 = \frac{样品湿重（克）-样品干重（克）}{样品干重（克）}$$

表 1-5　水不溶性膳食纤维功能特性测定

项目	持水力（％）	膨胀力（毫升/克）	颜色
桑叶膳食纤维	520	5.1	灰绿
麸皮纤维	400	4.0	浅淡

由表 1-5 可知桑叶纤维的功能特性（持水力、膨胀力）较西方国家常用的鼓皮纤维指标均高，可见其生理活性较高。本制备方法采用的是用于大规模生产较为现实和实用的化学分离法，总结了用桑叶提取水溶性膳食纤维和水不溶性膳食纤维的生产工艺，并对其主要功能特性进行了测定，实验证明，利用本方法能成功提取桑叶中的膳食纤维，且提取得到的膳食纤维的生理活性较高。为深入开发桑叶的膳食纤维并进行大规模生产提供了重要技术基础。

三、桑叶润肠通便胶囊生产工艺

便秘是临床常见的慢性消化道症状，主要表现为粪便干结、质硬、排便次数减少、排便困难或排便时间延长。因其发病率高，病因复杂，往往给患者带来许多痛苦和烦恼，严重影响人类健康和生活质量。现代人饮食过于精细，高脂肪、高蛋白摄入量过多，膳食纤维摄入过少，长期久坐、生活作息没有规律，常常是引起便秘的主要原因。

中医药治疗便秘有很大的特色和优势，在解除便秘的同时，使紊乱的胃肠功能得到调整，并可使患者的体质状况得到改善，而且中药不良反应小，容易被患者接受。桑叶是一种上好的功能食品材料，具有抑制血糖上升、降低胆固醇、抑制肠内有害细菌繁殖、通便及维持与增进健康的功效。桑叶中含有大量的多糖、类黄酮、矿物质、食物纤维以及多种生物碱，具有改善人体肠道功能，促进肠道对营养物质的吸收，使肠内水分含量增加，加速肠道蠕动，软化粪便等功能。

桑叶润肠通便胶囊生产步骤如图 1-4 所示。

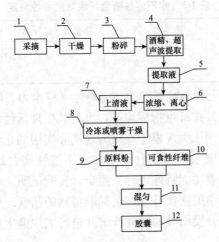

图 1-4　桑叶润肠通便胶囊生产流程

（1）每年的 5 月下旬采摘桑叶。

（2）将采摘桑叶干燥，干燥温度不大于 60℃。

（3）粉碎、过筛，粒度 50 目。

（4）粉碎好的桑叶加入酒精、超声波提取，酒精浓度 60%，

料液的重量比为 1：15～1：20，提取时间 2 小时，提取温度
60℃，超声功率：1 000～1 200 瓦，过滤得到提取液。

（5）将上述获得的提取液通过旋转蒸发去除酒精，离心速度
4 000～8 000 转/分钟，浓缩、离心后得上清液，冷冻或喷雾干
燥，得到原料粉。

（6）将可食性纤维和原料粉按重量比 1：9 的比例配比，充
分混匀，通过胶囊灌装即得。

四、降血糖桑叶茶和桑叶粉的加工

桑叶被称为"神仙叶"，自古以来就作为一种传统中药，《本
草纲目》记载桑叶能止消渴，消渴即是现在的糖尿病。时至今
日，桑叶作为一种健康的代茶饮品，被国际食品卫生组织列入
"人类 21 世纪十大保健食品之一"。现代药物分析技术和药理学
研究证明，桑叶中含有多羟基生物碱 1-脱氧野尻霉素（1-de-
oxynojirimycin，DNJ）、黄酮和多糖等降血糖活性成分。桑叶与
其他茶叶相比较，其营养和保健功效更加突出，因此可以利用桑
叶本身特殊的保健功能进行高档保健型绿茶的生产。

（一）降血糖桑叶绿茶的加工

采用 1-脱氧野尻霉素含量较高的 711 品种桑叶为原料，桑叶
10 月采自海宁。采用蒸青的工艺进行杀青，彻底去除了普通桑
叶的青涩味。其工艺流程见图 1-5。

1. 桑叶的采摘 在 10 月上旬采集桑叶，取上位叶片（1～
5）位，叶长约 8 厘米，去掉叶柄，然后用清水漂洗干净。

2. 桑叶堆放 漂洗后的桑叶要及时摊放，以保证原料质量。
桑叶用自动切条机切成长 1 厘米，宽 0.3～0.5 厘米的条叶。然
后放在通风、阴凉处摊放，摊放要疏松。

3. 杀青 采用 60 型滚筒杀青机高温杀青，温度为 125℃，
滚筒一次投叶量为 12 千克。杀青要求桑叶蒸发水分 60％～
65％，叶色由鲜绿变为暗绿，有清香味，手握叶质柔软，紧握成

团，折而不断。

4. 揉捻 待杀青后的桑叶摊凉后，用手在木板上沿一个方向摊滚，使叶性卷曲，叶汁溢出黏附在叶面上，手搓有润滑感。或采用机械揉捻，揉捻时间为 40～50 分钟。

5. 干燥 采用自动烘干机干燥，起始温度为 50℃，逐渐升温至 85℃，至叶片收索成卷状，再升温至 100℃，烘干到桑叶含水量在 6％以下，获得的桑叶茶具有特有的清香味。

6. 筛分 将干燥后的干桑叶茶迅速倒入干净的容器内摊凉，冷却后筛去碎末。

7. 包装 将筛选后的干桑茶，按照、形、味进行分级包装。根据不同需要包成大小不同的小包装，小包装有 10 克和 20 克不同规格，然后再大包装。

图 1-5　降血糖桑叶绿茶的加工工艺

（二）超微桑叶粉的制备

将 1-脱氧野尻霉素和总黄酮含量较高的秋季桑叶进行超微粉碎，过 300 目筛，所得超微桑叶粉口感非常细腻，其粉末可以充分悬浮在热水里，可以全部服用，以充分发挥桑叶的保健和营养价值。

1. 桑叶选取 选取 10 月的桑叶，取上位叶片（1～5）位，叶长约 8 厘米，去掉叶柄，然后用清水漂洗干净。

2. 杀青 采用 60 型滚筒杀青机高温杀青，温度为 125℃，滚筒一次投叶量为 12 千克。杀青要求桑叶蒸发水分 60％～65％，叶色由鲜绿变为暗绿，然后用叶打机进行叶打碎块。

3. 揉捻 待杀青后的桑叶摊凉后，用手在木板上沿一个方向摊滚，按照轻压 10 分钟，重压 30 分钟，轻压 10 分钟的循环规律反复进行揉捻，使叶性卷曲，叶汁溢出黏附在叶面上，手搓有润滑感。

4. 干燥　采用自动烘干机干燥，起始温度为 50℃，逐渐升温至 85℃，至叶片收索成卷状，再升温至 100℃。烘干到桑叶含水量在 5％以下。

5. 超微粉碎　使用超微粉碎机械对桑叶进行粉碎，过 300目筛得到超微桑叶粉。

6. 包装　在湿度小于 40％的环境下用复合膜包装，包装有 10 克，20 克和 50 克等不同规格，然后放在 0～5℃条件下进行保存（图 1-6）。

图 1-6　桑叶茶和桑叶粉

第四节　桑叶其他方面的综合利用技术

从桑叶功能作用和功能成分来看，桑叶适合开发针对降低血糖和血脂的大众化的饮料食品，利用桑叶制作保健食品已成为新的方向。桑叶风味不良，难为大众接受，因此，利用现代食品科学技术，解决这一难题，是桑叶成为大众化食品的关键。

一、桑叶饮料的生产工艺

（一）一种桑叶茶饮料的生产技术

主料：桑叶粉 4～6 克、茶粉 0.4～0.6 克。辅料：AK 糖 0.14～0.18 克、阿巴斯甜 0.14～0.18 克、柠檬酸 2.0～2.2 克、柠檬酸钠 0.5～0.7 克、异维生素 C 钠 0.06～0.1 克、食盐 0.15～0.25 克、柠檬酸红茶香精 0.15～0.25 毫升、红茶香精 0.15～0.25 毫升，余量为水。其生产步骤如下。

（1）将桑叶粉用 95% 乙醇 60℃条件下浸提 0.5 小时，重复 3 次，将滤出的残渣再用水 70℃条件下浸提 0.5 小时，重复 3 次，合并乙醇的浸提液与水的浸提液；在 60℃条件下真空浓缩，去除乙醇，每千克原料桑叶粉浸提浓缩为 1 升提取液，再用 10 倍水稀释。

（2）将红茶茶叶粉用水 70℃条件下浸提 0.5 小时，重复 3 次，合并提取液；在 60℃条件下真空浓缩，每千克红茶茶叶粉浓缩为 10 升提取液。

（3）在步骤（1）、（2）所得每升提取液中分别添加 0.2 克膨润土，搅拌 30 分钟，吸附处理后，5 000 转/分钟离心 10 分钟，去除膨润土沉淀，获桑叶汁和茶汁。

（4）桑叶汁和茶汁按体积比 10∶1 混合，搅拌后加入辅料，均质处理。

（5）采用 105℃高温短时杀菌 4 秒，热交换快速冷却到 65℃，罐装。

（6）将罐装后的桑茶饮料在 90℃水浴加热 20 分钟，冷却。

（二）一种复方桑叶保健饮料

目前，市售的清热解毒类饮料以桑菊饮为代表，其由桑叶和菊花等组成，制备方法为水煮提取，其保健功效较单一。而且，清热解毒类饮料因其添加植物成分属性寒凉，多饮或久服会引起胃肠不适，对消化功能产生不良影响。因此，主要在夏季饮用，不适合四季长期饮用。

此外，大多数饮料均为含糖产品，不适于高血糖、高血脂类人群服用。在市售饮料中尚未见到同时具有清热解毒和降糖、降脂保健功效的饮料。

（三）制备方法

复方桑叶饮料由如下重量份的原料和辅料组成：桑叶 3 份、陈皮 2 份、果汁澄清助剂 0.2 份、柠檬酸 0.4 份、木糖醇 20 份。其生产步骤如下。

（1）称取桑叶 4.0 千克，陈皮 6.0 千克，置于提取罐中，加入 150 升去离子水，浸泡 20 分钟，加热煮沸，温度保持 100℃继续提取 1.5 小时，倾出提取液；再加 150 升去离子水重复提取 2 次，合并提取液，浓缩至 147.6 升；以 3 500 转/分离心 15 分钟，收集上清液于玻璃罐中，并置 98℃水浴加热。

（2）称取果汁澄清助剂 0.3 千克，加入 2.4 升 85℃去离子水，搅拌使其全部溶解，随即将此溶液缓慢加入到 98℃的上清液中，边加边搅拌，将上清液在 98℃水浴中保持加热 1.5 小时，间断搅拌；取出，放至室温，在 4℃保存 8 小时。

（3）将冷藏 8 小时后的上清液抽滤，取滤液加去离子水稀释至 300 升，加入柠檬酸 1.0 千克、木糖醇 48 千克，在 45℃水浴中加热，搅拌使其全部溶解；取出，放至室温，按 250 毫升/盒分装，灭菌，即得。

按照此方法生产出来的复方桑叶饮料叶饮料口感清凉、甘醇，具有清热解毒、消暑解热、止汗、降血脂、降血糖的功效，尤其适于糖尿病患者服用。

二、桑叶乌发颗粒制备方法

桑叶在霜降后自然脱落成为废弃物，人们在使用时只是将其当作废弃物丢弃或作为柴火来使用。然而，人们眼中的废弃物却有着极高的营养价值和药用价值。据科学检测发现，桑叶中含有17中氨基酸，还有脂肪、维生素 C、B_1、B_2 以及叶酸、胡萝卜素、钙、磷、铁、锰、钠等，其性寒，气微，味淡、微苦、涩，功效主要是乌发亮发、固齿、明目，可作为一种不可多得的乌发材料。宋世光研发出一种以桑叶为原料的乌发产品，不仅可以避免现有传统乌发药剂带来的化学危害，还可以提高桑资源的利用率。

制作方法如下。

桑叶乌发颗粒，其由以下重量的原料制成：桑叶 5 000 克、女贞子 600 克、制首乌 1 000 克、旱莲草 200 克、茯苓 400 克、黑豆 1 000 克以及适量水。

（1）将桑叶进行水洗，水洗完成后通过烘干机将桑叶烘干，烘干完成后，通过碾磨机将桑叶碾磨成粉。

（2）将女贞子、制首乌、旱莲草、茯苓和黑豆进行水洗，水洗完成后通过烘干机烘干，同时通过粉碎机将烘干后的女贞子、制首乌、旱莲草、茯苓和黑豆粉碎成粉，之后通过搅拌机搅拌均匀。

（3）将上述所得的混合物与（1）中的桑叶粉加适量水混合，并制成粒状颗粒。

（4）得到的粒状颗粒进行微波灭菌、干燥和包装，制作完成。

三、桑叶醋制备技术

江苏科技大学的颜辉老师研制了一种桑叶醋的制备方法，进一步丰富了桑叶保健产品的开发利用。

制作工艺如下。

（1）干燥后的桑叶，经粉碎，过 60 目筛。

（2）以米酒为醋酸菌发酵的原料，其中乙醇浓度为 5%～

12%（V/V）。

（3）桑叶粉与米酒按质量体积比（0.5～3）克：100 毫升，接种 5%～15%（重量分数）的醋酸菌种子液，发酵液搅拌转速为 130～250 转/分钟，在 26～34℃下发酵 2～6 天得到桑叶醋。

四、桑叶咀嚼片

长春中医药大学附属医院的范惠珍以破壁桑叶粉和糯米为原料，利用糯米具有降血糖、消渴的功效，添加在桑叶中，作为咀嚼片的黏合剂。桑叶的咀嚼片剂直接口嚼服用，这样可以有效地发挥桑叶的保健功效，同时咀嚼片携带、食用方便，可长期保存不变质，糯米的香味也解决了桑叶本身的不良口感，使人更易接受。

制作工艺如下。

（1）将桑叶挑选洗净后放入真空膨化装置中，加蒸汽杀青 3 分钟后排出蒸汽，给真空膨化装置加热 80～90℃，保持 15 分钟，然后瞬间降压至 -0.06～-0.04 兆帕，真空干燥 1.5 小时，即得破壁桑叶粉。

（2）10 千克糯米中加入 10 千克水，常温浸泡 6 小时，加热蒸熟，取出烘干，粉碎成 80～100 目细粉待用。

（3）称取糯米粉 10 千克加入 20 千克水，混合搅拌均匀后烧开加热制成浆液，冷却至室温，将破壁桑叶粉 80 千克和步骤（2）制备的糯米细粉导入浆液中，搅拌均匀，造粒，打片，制成桑叶咀嚼片剂。

第二章　桑枝资源的综合利用技术

第一节　桑枝化学成分及其药理作用研究

　　人们对桑树资源利用，特别是药理作用，以前主要集中在桑叶和桑白皮上，而作为副产物产出量很大的桑枝没有被很好地研究和利用。随着科学的发展，人们逐渐认识到桑枝具有很好的药理作用。古代医书《本草图经》中记载桑枝"疗遍体风痒干燥……兼疗口干"；《本草备要》中记载桑枝"利关节，养津液，行水祛风"；《本草再新》中则记载桑枝"壮肺气，燥湿，滋肾水，通经……"。现代药理学研究证明，桑枝具有降血糖、降血压、抗菌、抗病毒、祛风清热、凉血明目等功效。桑枝之所以具有药理作用，其物质基础在于所含有的独特活性成分。但是，一种天然药物往往含有结构性质不尽相同的多种成分，这也给天然药物成分分析和加工带来了一定的麻烦。在加工生产的过程中，要注意设法除去那些无用的杂质，以得到富集有效成分的制剂，甚至直接得到这些有效成分的纯品。桑枝的有效开发利用也是如此。

　　桑枝是桑科植物桑（*Morus alba* L.）的干燥嫩枝，全年可采，一般以春末夏初为宜，采后去叶晒干，或者趁鲜切片、晒干。嫩桑枝呈长圆柱形，表面灰黄色至灰棕色，有皮孔、细皱纹，其质地坚韧不易折断，断面黄白色具纤维性，气微、味淡略苦，切片生用。桑枝性苦、平，归肝经，入药时以枝细质嫩、断面色黄为佳。《中华人民共和国药典》记载桑枝具有祛风湿、利关节、行水之功效，适用于风寒湿痹、四肢拘挛、脚气浮肿之病症。现在临床上主要用于治疗肩臂关节及手足酸痛麻木、风湿痹痛、瘫痪等多种疾病。

研究发现，桑科桑属植物具有降血糖、降血压、抗癌、抗菌、抗病毒、抗炎、镇痛和抑制花生四烯酸代谢等药理活性。伴随着大量现代分离分析设备、新试剂、新材料以及新技术的应用，如 HPLC、GC、MS、NMR 和 X-射线单晶衍射等进入天然药物化学研究领域，可以预见，我国丰富的桑枝资源将会被大力开发利用。国内外许多学者根据古医籍、古方及现代科学理论，分别从生药学、药用植物资源、天然药物化学或中药药理学等不同角度，初步研究了桑枝的化学成分或提取物的降血糖、降血脂、免疫抗炎等方面的一些药理活性，部分临床实践还获得了较为满意的疗效，为积极研究和开发桑枝生药资源提供了科学依据。

一、桑枝的主要化学成分

桑枝所含化学成分种类较多，主要有黄酮类化合物、生物碱、多糖和香豆精类化合物，尚含有氨基酸、有机酸、挥发油及多种维生素等。桑枝（茎、茎皮和心材）中还含有鞣质以及游离的蔗糖、葡萄糖、木糖、麦芽糖、水苏糖、果糖、棉籽糖、阿拉伯糖、琥珀酸和腺嘌呤等。

黄酮类成分有异槲皮甙、桑酮（Maclurin）、桑素（Mulberrin）、桑色素（Morin）、二氢桑色素（Dihydromorin）、环桑（Cyclomulberrin）、环桑色烯素（Cyclomulberrochromene）、桑色烯（Mulberrochromene）、杨树宁（Cudranin）、四羟基芪（Tetrahydroxystilbene）、桑辛素 A-H（Moracin A-H）、2，4，4，6-四羟基二苯甲酮(2,4,4,6-tetra-hydroxybenzophenone)、2，3，4，4，6-五羟基二苯甲酮(2,3,4,4,6-pentiahy dioxybenzophe-none)、桦皮酸（Betulinie acid）、藜芦酚（Reseratro1）、二氢山奈酚（Dihydrokaempfero1）、氧化芪三酚（Oxyresveratro1）及二氢氧

化芪三酚（Dihydrooxyresveratrol）等。

Yoshiaki 等（1976）首次从桑枝和桑白皮中分离得到了 1-脱氧野尻霉素。研究发现，DNJ 具有高效竞争性抑制葡萄糖苷酶的药理活性，可用于治疗糖尿病、肥胖症和病毒感染等疾病。桑枝或桑根皮的煎剂口服有较好的降压效果，推测其降压成分为乙酰胆碱类物质，有报道认为，这种降压成分为 kuwanon G、H，sanggenon C、D 和桑呋喃 C、F、G。陈震等从桑枝水提物中分离得到了 4 个多羟基生物碱及 2 个氨基酸，它们分别被鉴定为 1-deoxynojirimycin（Ⅰ）、N-methyl-deoxynojirimycin（Ⅱ）、fagomine（Ⅲ）、4-O-β-D-glucopyranosyl- fagomine（Ⅳ）、氨基丁酸（Ⅴ）和 L-天门冬氨酸（Ⅵ）。其中化合物Ⅳ为首次从桑科桑属植物中分离得到。

二、桑枝的药理作用

（一）抗炎作用

刘明月等用浓度为 100～400 毫克/千克桑枝 95% 乙醇提取物乳剂，给小鼠灌胃给药，研究提取物的抗炎作用，结果表明，在二甲苯致小鼠耳肿胀、醋酸致小鼠腹腔毛细血管通透性增高、鸡蛋清致小鼠足跖肿胀及滤纸片诱导肉芽增生等的模型上，具有抗炎作用。陈福君等的研究证实了桑枝提取物对巴豆油致小鼠耳肿胀、角叉菜胶致足浮肿均有较强的抑制作用，并可抑制醋酸引起的小鼠腹腔液渗出，表现出较强的抗炎活性。

王蓉等用不同有机溶剂萃取了桑枝的乙醇提取物，经浓缩得到石油醚提取物（Ⅰ）、乙酸乙酯提取物（Ⅱ）和正丁醇提取物（Ⅲ）三部分，分别进行定性分析，并灌胃给药进行抗炎实验，结果表明，提取物Ⅰ和Ⅲ的 0.30 克/千克组对二甲苯致小鼠耳肿胀有明显的抑制作用，提取物Ⅰ的 0.15 克/千克组有明显的抑制毛细血管通透性的作用。

在临床实践方面，王国建用白芥子配桑枝内服、外用治疗肩周炎，获得了相当好的疗效。其治疗方法如下：白芥子 15 克、桑枝 30 克用水煎服，每日 1 剂，并用剩余药渣热敷肩峰部位，每日 2 次，每次 30 分钟，10 天为 1 个疗程。此疗法作用持久、见效快且简便易行，对于肩关节疼痛较甚者效果更佳。中医认为，肩周炎患者大多体质虚弱，又感风、寒、湿之邪，寒凝经络、气血不通而疼痛较甚。中药白芥子是治疗慢性支气管炎、肺气肿咳喘痰多的良药，因它能散寒凝、利气机及消肿止痛而广泛应用于由风寒、冷湿引起的疼痛；中药桑枝侧偏于走上，善治上肢痹证，可引药直达病所，两药相配一温一通，使寒凝散、经络通而疼痛止。

（二）免疫作用

邬灏等采用水提醇沉法对桑枝中的多糖进行了分离纯化研究，用改良的苯酚—硫酸法测得桑枝中多糖含量为 5.5%，提取物桑枝多糖中的含量为 56.6%。经多次水溶醇沉后，桑枝多糖含量可达 70% 以上。另外，采用碳粒廓清法和二硝基氟苯诱导小鼠迟发型变态反应试验法，观察了桑枝多糖对地塞米松所致免疫低下模型小鼠免疫功能的影响，发现桑枝多糖可显著提高免疫低下小鼠的吞噬指数 α，增强网状内皮细胞的吞噬功能和小鼠迟发型变态反应能力和 T 细胞活性。

（三）降血脂的作用

吴娱明等人研究了桑枝总黄酮的降血脂作用，分别用水、甲醇、95%乙醇、丙酮、乙酸乙酯、正丁醇 6 种溶剂对桑枝进行提取，测得提取物中的总黄酮含量分别为 0.622 毫克/克、0.593 毫克/克、0.693 毫克/克、0.492 毫克/克、0.464 毫克/克、0.407 毫克/克。用水和 95%乙醇为溶剂的桑枝提取物给高血脂模型小鼠灌胃治疗，小鼠体重的降低率分别为 8.9% 和 15%，血清中的总胆固醇和甘油三酯水平均有差异，其中以 95%乙醇为溶剂的桑枝提取物使小鼠血清总胆固醇水平和甘油三酯水平与阳性组比较差异极显著，推测桑枝 95%乙醇提取物中具有降低高血脂症甘油三酯及胆固醇水平的活性成分。

（四）降血糖作用

天然黄酮类化合物是植物体多酚类的内信号分子及中间体或代谢物，是重要的抗氧化剂和自由基清除剂，广泛存在于药用植物中，为中草药的有效成分。该类化学物质多数具有显著的药理活性，诸如具有调节心血管系统和内分泌系统、肝脏抗毒、抗肿瘤、抗炎抗菌、降低血糖等明显的药理作用。Claudia 等证实不少天然药物中黄酮类化合物具有明显的抗糖尿病作用，利用天然产物中的黄酮类化合物研究开发新药，具有广阔的应用前景。

吴志平等以春天采集的桑叶、桑白皮、桑枝（嫩枝）和桑皮 4 种中药材为材料，研究了桑树不同药用部位的乙醇提取物对链脲佐菌素诱导的糖尿病小鼠的降血糖效果，结果显示这 4 种中药材都具有明显的降血糖作用，其中桑枝的功效最为显著。进一步研究桑枝总黄酮类化合物的降血糖药效学试验，发现桑枝总黄酮能降低高血糖模型小鼠的血糖值，推测桑枝总黄酮是桑枝降血糖作用的有效部位。叶菲等研究发现，给四氧嘧啶高血糖大鼠连续口服桑枝提取物，高血糖大鼠空腹和非禁食血糖等指标均明显下降。

综上所述，桑科植物桑树在我国大部分省区均有栽培，桑枝资源非常丰富，从植物化学或天然药物化学研究领域来看，不管是以发展桑枝药材原料为主的初级开发，还是以发展桑枝纯中药制剂和其他天然副产品为主的二级开发，以及以发展天然化学药品为主的深度开发，桑枝均蕴藏有巨大的综合利用价值。

生药资源的开发利用主要是以开发药材和药物为主，并进行诸如化妆品、香料、饲料、保健食品、色素、农药或兽药等多方面的产品综合开发，其开发的过程应当是多层次、多途径的。桑枝具有降血糖、降血脂、治疗糖尿病末梢神经炎及抗炎免疫等药理活性，但对于用不同有机溶剂提取的桑枝提取物或者分离纯化得到的单体成分，其抗菌、抗病毒、镇痛和抗癌等药理活性都有待试验研究，而查明这些主要的活性成分和药理作用，是推进桑枝深度开发的前提。

本研究以桑枝的抗氧化性为中心，对其内含的主要活性成分进行分离纯化，寻求合理的分离纯化方法，并将所分离纯化的活性物质进行一系列的药理学实验，探明其活性物质与药理作用的关系，从而为桑枝深度开发提供科学依据。

第二节　桑枝食用、药用开发生产技术

桑树在我国已有 4 000 多年的栽培历史，桑树种类、品种和种植面积位居世界首位，主要集中种植在江苏、浙江、四川等省。桑树每年需要剪枝 2 次，据不完全统计我国桑树每年剪枝季节修剪下来的桑树枝条有 3 000 万吨以上。因为没法处理，多数桑枝在地头焚烧，将这些生物质废弃物焚烧不仅污染环境，还浪费了大量资源。

一、桑枝提取低聚木糖

低聚木糖是由 2~7 个木糖以糖苷键连接而成的低聚糖，部分还含有阿拉伯糖醛酸、葡萄糖醛酸侧链等，其主要成分是木二糖和木三糖。与其他功能性低聚糖一样，低聚木糖具有促进肠道有益菌增殖、抑制有害菌生长、改善肠道微生态环境等功能。低聚木糖是目前发现的对双歧杆菌增殖效果最好的低聚糖之一，因而被称为超强双歧因子，同时它具有有效剂量低（0.79 克/天）、酸热稳定性好、加工性能好等优点。目前生产低聚木糖的原料主要是玉米芯、花生壳等，其他植物成分由于木聚糖含量低或者木聚糖中木糖聚合度较高，所以不能利用。因此，目前木聚糖生产的主要问题之一是原料来源较单一。

桑枝含有大量的纤维素、半纤维素和木质素，其中半纤维素含量较高（33%~40%），而半纤维素的主要成分为木聚糖且聚合度较低，在植物细胞壁中木聚糖的含量仅次于纤维素，因此桑枝是理想的低聚木糖生产的原料。

制备方法如下。

（1）取桑枝，洗涤除去泥土等杂质，去皮，120℃烘干，粉碎成小于 0.5 厘米的小块，得桑枝粉。

（2）将桑枝粉加入到质量百分比浓度为 10％的 NaOH 水溶液中，所述桑枝粉与 NaOH 水溶液的用量比为 1 千克：6 升，90℃活化处理 3 小时，过滤除去残渣，加入 NaOH 水溶液 3 倍体积的乙醇得沉淀，沉淀干燥即为木聚糖渣滓。

（3）将木聚糖渣滓与木聚糖酶混合，木聚糖酶的用量为 800 国际单位/克木聚糖，调节 pH 为 4.5，50℃酶解 5 小时。80℃保温 20 分钟灭活木聚糖酶，加入活性炭混合 80℃脱色 20 分钟，过滤除去活性炭。用装有阳离子交换树脂 BK001 的柱子脱盐，滤纸过滤除去固体杂质，冷冻干燥获得低聚木糖，桑枝转变成低聚木糖得率为 5.5％，纯度 93.8％，其中木二糖和木三糖的质量和占低聚木糖总质量的 82.9％。

二、桑枝茶的加工

嫩桑枝可作为中草药，其性苦平，能治风湿，利关节，治关节肿痛、手足麻木等，桑嫩枝内含有丰富的黄酮类物质，该物质能够对抗御遗传基因癌细胞化有很大作用。现在桑枝主要用于培养食用菌，桑枝纤维可制成人造棉等纺织原料，桑枝本身的营养保健价值没有体现出来，将桑枝加工成成品茶将会增加蚕桑业新的经济增长点。

制备方法如下。

（1）原料　春秋季节采取幼嫩桑梢。

（2）摊晾　将幼嫩桑梢切成 0.1～0.2 厘米长的小片放入干净的容器，在背光处摊晾 18 天。

（3）蒸热发酵　将幼嫩桑梢小片放在蒸笼上进行热蒸，经 8 分钟后，将酒曲掺入幼嫩桑梢小片中进行发酵，酒曲的用量为幼嫩桑梢小片总重量的 2%，发酵时间为 2 小时。

（4）干燥　将发酵好的桑梢小片，先采用 100～110℃条件下进行烘焙 15～20 分钟，然后在 90～95℃条件下烘焙 12～16 分钟。

（5）拣剔包装　将茶中的杂质拣除，定额包装。

按照上述方法制备的桑枝茶，能够保持独特的桑质口感，而且能够较好的保持黄酮类物质，常年喝具有治风湿，有利关节，大大降低肿瘤发生的概率。

三、桑枝抗氧化剂的生产

生物体的内环境无时无刻不在生成自由基，自由基在生物体内很容易与蛋白质、不饱和脂肪酸反应，引发氧化修饰作用，成为机体衰老及与衰老相关疾病的主要诱因。同时，随着年龄的增长，机体的抗氧化防御能力却在逐渐减弱，与衰老相关的疾病如肿瘤、心血管疾病、糖尿病、白内障、老年性痴呆等发病概率大大的增加。所以，自由基与衰老相关疾病发生的分子机制之间的关系，成为了研究的新热点。为了最大限度地降低自由基对机体的损害，人们开始寻求抗氧化剂，但人工合成的抗氧化剂具有致癌性等很大的毒副作用。植物体富含的黄酮类化合物等活性成分，具有很强的抗氧化活性，是天然、安全的抗氧化剂来源物。因此，植物抗氧化剂的开发与应用成为人们关注的研究领域。

桑枝是桑科植物桑（*Morus alba* L.）的干燥嫩枝。《中华人民共和国药典》记载桑枝具有祛风湿、利关节、行水之功效，适用于风寒湿痹、四肢拘挛、脚气浮肿之病症。临床上主要用于治疗肩臂关节及手足酸痛麻木、风湿痹痛、瘫痪等多种疾病。现代药理学研究发现，桑科桑属植物具有降血糖、降血压、抗癌、抗菌、抗病毒、抗炎镇痛和抑制花生四烯酸代谢等药理活性，其药理活性与其所含的化学成分密切相关。我国桑枝资源非常丰富，但对其利用主要限于以桑枝药材原料为主的初级开发。现已查明，桑枝的药用活性成分和药理作用对其在天然中药制剂等产品的深度开发上，蕴藏有巨大的价值。

制备方法如下。

（1）将 200 克桑枝干燥后，粉碎，过 60 目，形成桑枝粉。

（2）在桑枝粉中加入质量百分比为 70％的乙醇溶液，进行回流提取，提取料液比 1：20（W/V），提取时间为 2 小时，提取温度 90℃，提取 3 次，提取液减压真空浓缩后得到浸膏。

（3）取浸膏 0.1 毫克，溶于 1 毫升纯甲醇溶液中，以纯甲醇：纯氯仿体积比为 5：11 作为展开剂，在硅胶板上进行薄层分析，薄层展开后吹干，均匀地喷上质量浓度为 1×10^{-4} 的二苯基苦基苯肼自由基（DPPH）的纯甲醇溶液进行显色（紫色），20 分钟后观察薄层显色结果，显黄色的斑点为抗氧化剂。

（4）根据步骤（3）薄层分析的结果，将步骤（2）中的浸膏上硅胶柱，以纯甲醇：纯氯仿体积比梯度为 1：20～5：1 进行洗脱纯化，薄层色谱检测洗脱进程，合并抗氧化组分，浓缩干燥得到抗氧化剂 9.2 克。

四、桑枝总黄酮的提取与生产技术

植物黄酮化合物多数具有显著的药理活性，诸如对心血管系统作用、抗炎抗菌、抗病毒和降低血糖作用等。桑枝（*Ramulus Mori*）是桑科植物桑的干燥嫩枝，其性平味苦，入肝、脾、肺、肾经，为常用中药，具有祛风通络、利关节的作用。历代本草记载桑枝还具有"养津液、疗口干、滋肾水"之功效，故亦可用于治疗糖尿病。其药用的主要有效成分为黄酮类和多羟基生物碱。黄酮类主要有桑素、桑色素、二氢桑色素、环桑素以及桑酮、桑色烯和异懈皮素等。中医临床上治疗糖尿病、关节病变和周围神经病变时，常选用桑枝，能显著降低血糖而缓解症状。从植物中提取黄酮的方法一般有两种：一种为醇提，即用一定浓度的乙醇作为提取剂，然后进行纯化精制；另一种为水提，直接以水为溶剂进行提取。

实施方式如下。

将当年生半木栓化的嫩桑枝洗净后置 60℃烘箱中烘干，用药用植物粉碎机粉碎，过 40 目筛，称取嫩桑枝粗粉 1 000 克，用沸程为 60～90℃的石油醚热提 1 小时，除去叶绿素等水不溶性杂质。药渣用体积 10 倍量、浓度 60％的乙醇，在 90℃恒温水浴条件下回流提取 3 次，每次 1 小时，过滤、合并滤液。用旋转蒸发仪在温度为 60℃的条件下减压浓缩回收乙醇。将粗提物用水稀释，水醇法去除水不溶性杂质，用石油醚萃取 3 次去除脂溶性杂质，母液用乙酸乙酯萃取 3 次，弃去乙酸乙酯萃取部位，然后母液用正 r 醇萃取 3 次，回收正丁醇，得正丁醇萃取部位，减压浓缩得浸膏，冷冻干燥得桑枝总黄酮 10.2 克。

上述方法是以嫩桑枝为原料，从中提取桑枝总黄酮，而春蚕生产中大量的嫩桑枝历来都作废料处理，因此，该发明有利于充分利用广大蚕区取材丰富的桑枝资源，促进我国蚕桑丝绸业副产品的高效开发。同时，该方法能作为进一步纯化桑枝总黄酮并进行桑枝总黄酮动物药理试验的基础。

五、桑枝减肥降脂药的生产

目前，国内对桑枝的利用主要集中在造纸、纺织等轻工领域，医药领域中桑枝的利用还局限于治疗肩臂、关节酸痛麻木等风湿关节疾病。桑枝的加工工艺较为简单，通常仅对鲜桑枝进行干燥、切片和粉碎等较简单的处理，尚未见对桑枝进行深加工提取减肥降脂有效物质并制成产品的报导，对桑枝功能性成分的开发利用还不够全面和充分。因此，合理开发利用桑枝资源，对桑枝进行精深加工，开发具有减肥降脂保健功能的食品，对于提高蚕农的经济效益，优化传统蚕业结构，具有一定的现实意义。下面以桑枝的乙醇提取物及降血脂方面的药理试验为例，介绍桑枝减肥降脂药的生产。

（一）桑枝乙醇提取物的制备工艺

桑枝乙醇提取物的制备工艺，包括以下步骤。

（1）干燥桑枝，用中药切片机将其切断至 2～5 厘米的长度备用。

（2）称取定量桑枝，按常规方法加入 5～15 倍的石油醚、乙醚等有机溶剂脱脂，回收有机溶剂。

（3）利用透析膜脱去小分子非糖有机物及无机盐。

（4）将脱脂后的桑枝挥干石油醚、乙醚等有机溶剂后，加入浓度为 60%～80% 的乙醇，静置过夜，然后用 60～80℃ 水浴回流提取 2～3 次，每次 1.5～2 小时。

（5）合并乙醇提取液，40～60℃ 低温减压浓缩，采用离心或抽滤的方法除去其中的沉淀，得乙醇提取物，4℃ 低温保存备用。

（二）桑枝乙醇提取物的药理试验

1. 桑枝的乙醇提取物对实验性肥胖小鼠体重的影响 选用 40 只 18～22 清洁级 NIH 小鼠入选试验，按体重平均分为 4 组，每组的平均体重在 19～20 克，各试验组分别进行处理。各试验组自由饮水，自然光照，控制室温 25℃ 饲养，每日早晨给药处理前称体重，计算各级组体重平均值。试验进行三周。试验结束后，将各组小鼠每日体重变化绘制曲线，如图 2-1 所示。

经过三周的试验，由图 2-1 可以看出，试验开始时各组小鼠的体重均在 19～20 克，阳性组的曲线位于最上方，表明体重最重，高于阴性组。阳性治疗组（清脂胶囊组）、桑枝乙醇提取物组两条曲线均位于下方，体重较阴性组和阳性组轻。其中桑枝乙醇提取物组控制体重的效果最好，试验结束时平均体重较阳性组轻了 5.4 克，体重减轻率为 15%，表现出了较好的减肥效果；阳性治疗组体重减轻率为 6.4%，表现出较好的减肥效果。

2. 桑枝乙醇提取产物对实验高脂血症小鼠血清甘油三酯和总胆固醇的影响 选用 40 只 18～22 克清洁级 NIH 小鼠入选试验，按体重平均分为 4 组，每组的平均体重在 19～20 克，各试验组分别进行如表 2-1 所示处理（其中清脂胶囊组为阳性治疗组）。

试验结束前一日所有小鼠禁食 18～24 小时，给药后 2 小时小鼠摘眼球取血，血液样品 5 000 转/分钟离心 10 分钟，取血清备用；对各组小鼠的甘油三酯（TG）及胆固醇（CHO）这两个主要的血脂指标进行测定，对数据进行 t 检验分析。

由图 2-1 中可以看出，阳性组通过喂高脂饲料已经引起血液中甘油三酯及胆固醇的升高，桑枝乙醇提取物灌胃处理的小鼠血清中的甘油三酯和总胆固醇水平与阳性组及清脂胶囊灌胃处理组比较均达差异极显著水平，对降低血液中的甘油三酯水平及胆固醇有较好的效果。

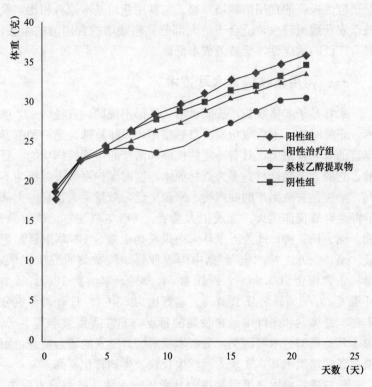

图 2-1　桑枝的乙醇提取物对实验性肥胖小鼠体重的影响

通过上述药理实验表明，将桑枝的乙醇提取物与其他常规辅料，按照常规工艺，可分别制成具有降低血糖血脂的普通食品或者保健食品。

第三节　桑枝栽培食用菌技术

桑枝条是栽桑养蚕的主要副产物之一，也是蚕桑产业的大宗资源之一。其产量约占桑园生物量的 60%，每 667 米²桑园每年可剪伐鲜枝条约 1 吨，获得干桑枝条 0.5 吨。桑枝条粗蛋白含量高，粗纤维含量适中，为食用菌生长提供了较均衡的营养成分，是适应性极广的食用菌栽培原料。与常用栽培基本原料相比，桑枝条农药残留较少，适合于绝大部分熟料栽培的食用菌的生长，具有广泛的适应性，桑枝条成本低廉。

一、利用桑枝培育木耳技术

木耳是子实体胶质，成圆盘形，耳形不规则，直径 3~12 厘米。新鲜时软，干后成角质。口感细嫩，风味特殊，是一种营养丰富的著名食用菌，具有一定的抗癌和治疗心血管疾病功能。目前，它的人工栽培材料多为森林原木，这对保护森林资源极为不利。桑枝是蚕桑生产的副产物，来源广泛，数量巨大，目前大部分都废弃或仅作柴火，造成很大浪费。《唐本草注》记载：桑、槐、楮、榆、柳，此为五木耳，而以桑为上乘。《本草纲目》记载"桑，东方之神木也"。据中国农业科学院蚕桑研究所提供，桑枝条含粗蛋白 5.44%、纤维素 51.88%、木质素 18.1%、半纤维素 23.02%、灰分 1.57%，碳氮比为 86∶1。具有营养成分丰富、纤维素和半纤维素含量高的特点，非常适宜黑木耳生产。黑木耳是典型的木腐菌类，分解木质素、纤维素的能力特强，用桑枝条栽培黑木耳，表现为菌丝生长快、生物转化率高。

桑枝条栽培木耳可以解决菌林矛盾。木耳是典型的木腐菌，栽培需要大量的木材，而国家的政策是对森林禁止乱砍滥伐，这就与木耳的发展造成很大的矛盾。桑枝条是养蚕业的副产物，用其栽培不仅解决了菌林矛盾，而且为蚕农带来了很大的经济效益。用桑枝条栽培木耳，不仅原料来源充足，而且技术简易、成本低、见效快。

（一）培养基

桑枝条栽培木耳培养基配方由下列重量份的原料组成：桑枝条83％、米糠3％、麸皮3％、玉米粉3％、蚕沙2％、石膏粉1％、石灰粉0.5％、糖1％、棉粕2％、黄豆粉1％、碳酸钙0.5％。

（二）栽培步骤

1. 拌料　将干燥无霉变的桑枝条粉碎成绿豆粒大小桑枝屑，将桑枝屑、米糠、麸皮、玉米粉、蚕沙、石膏粉、石灰粉、糖、棉粕、黄豆粉、碳酸钙按配方拌匀，边拌边加水，充分拌匀，含水量50％。

2. 装袋　根据农户采取不同种植方式采用不同规格菌袋，一般采用15厘米×55厘米×0.0045厘米菌袋。机器分装袋内，扎紧袋口。装袋时，合理安排人员实行流水作业。每6人为1组，铲料上机、装袋各1人，4人扎袋口，拌料后至装料完毕的时间间隔不超4个小时，做到当天拌料当天装袋灭菌，忌堆积过夜。分装紧实，料与袋壁无空隙，防菌袋拉薄、磨损、刺破，做到轻拿轻放。

3. 灭菌　蒸锅内"井"字形或堆瓶式叠放1 500袋为宜，超过1 500袋灭菌时间宜加长。常压灭菌开始用旺火，使温度在4小时内迅速上升到100℃，如生长至上气时间过长，易造成培养料酸败。当整个灭菌灶内都充满蒸汽，下部有蒸汽溢出，内部空间达到100℃时，保持温度12小时，此时料袋内温度可达95℃左右。整个灭菌过程中不中断，当锅内缺水时只能添加热水，忌加冷水。灭菌后自然降压（温）。

4. 出锅、冷却 灭菌结束后，等锅内温度自然下降至 60℃ 方可趁热出锅将料袋移入冷却场地。若高于 80℃ 出锅易发生料袋胀破。要求出锅过程中轻拿轻放，搬运工具内垫布或麻袋，防止刺破料袋。

5. 接种 接种前接种箱、接种室或蚊帐式接种罩内采用气雾消毒剂，进行空间消毒，双方及器具用 75% 酒精进行表面消毒。料袋冷却至 28℃ 以下，根据不同接种方式，采取不同的组合。接种箱接种二人组合。接种室或蚊帐式接种罩（塑料薄膜制成），采用 4 人一组、递料袋、打孔、填入菌种、套袋各 1 人流水作业。每袋接 3～4 穴，孔穴直径 2 厘米，适当增大接种量，整块菌种接入略高出穴面。采用套袋方法，套袋可在接种后套入，也可在出锅时边套边出锅。接种时，动作迅速敏捷，尽量缩短菌种孔穴在空间暴露时间。接种完毕及时清理残留物，保持场地清洁，杜绝杂菌污染。室内、帐内少走动。

6. 发菌管理

（1）萌发期 接种后 15 天内，室内温度头 10 天控制在 26～28℃，使菌丝在最适环境中加快定植蔓延，占领培养料，减少杂菌污染。10 天后随菌丝生长发育，袋内温度逐渐上升，一般袋温比室温度 2～3℃，因此，室温应调节至 22～24℃。

（2）生长期 20 天后进入菌丝分解吸收营养能力最强阶段，菌丝旺盛、健壮，新陈代谢加快，袋温继续升高，室温控制在 22℃ 左右。此时需特别注意堆温，可降低堆层，加大通风。菌丝生长 10～15 厘米去掉套袋以增氧通气，加速菌丝生长。

（3）成熟期 40 天后，菌丝进入生理成熟阶段即由营养生长过渡到生殖生长，料温逐渐下降，一般在 20℃ 左右，经常观察温度变化，主要靠开关门窗来调节，但必须留意关门窗后堆温升高，避免烧菌。菌丝满袋后待打孔穴排场出耳。

7. 耳场准备 选通风良好、阳光充足、水源方便、无污染源和防涝的草坪作耳场。畦床可整成龟背状，宽 120 厘米，长

200 厘米，边沟人行道 30 厘米，用木杆搭成支架，排成 30 厘米行距，畦床消毒杀虫后铺上稻草或遮阳网，防泥沙沾污耳棒。耳棒不需覆盖薄膜，不需搭建荫棚，露天排场，安装微喷管。

8. 催耳排场　排场前增大培养室光线，用 0.5 毫米的钉头制成排状打孔工具，在耳袋四周打 180 个深 2 厘米的出耳孔。打孔一周后，见耳孔菌丝恢复，气温稳定在 25℃，即可排场。排场时，菌袋均匀排布，间距 3 厘米斜靠在支架上。

9. 出耳管理　耳芽形成时，栽培场的空气相对湿度控制 95%，形成一个干湿不断交替的生长环境。排场后菌袋早晚各喷一次细水，视子实体生产而加大喷水量，做到气温低时少喷，气温高早晚喷，中午忌喷水，晴天刮风天早晚多喷，空气干燥时增加喷水次数。

这种利用桑枝条栽培木耳的方法，不但具有变废为宝、提高蚕桑生产经济效益的作用，而且对保护森林资源具有重大意义。

二、利用桑枝栽培银耳技术

银耳又称白木耳、雪耳及菊花耳，属银耳目、银耳科、银耳属。据《中国药物大辞典》中说，"本品入肺、脾、胃、肾、大肠五经，主治肺热咳嗽，肺燥干咳，痰中带血，产后虚弱，肺热胃炎，大便闭结，便血"。银耳栽培大体上可以分为代料栽培和段木栽培两种形式。20 世纪 70 年代后，在许多地区，代料栽培逐渐替代了段木栽培。代料栽培是利用各种农副产品，如木屑、蔗渣、棉子壳、秸秆等作为主要原料，添加一定量的麦皮、米糠、饼粉等辅助料，配制成培养基以代替传统的木材，进行室内瓶栽和袋栽。目前，国内 80% 以上的银耳出于代料栽培，代料栽培所需银耳原料易得，生长周期短，产量高，而且代料栽培银耳比段木栽培银耳氨基酸含量有显著的提高。木屑是代料栽培的最佳原料，棉籽壳、棉花秆、甘蔗渣、大豆秆、菜子饼、花生秆（壳）和玉米芯等通过添加石膏、尿素、硫酸镁、鼓皮、白糖和黄豆等也可用于栽培银耳。银耳栽培资源消耗量大、成本高、栽培技术落后等问题，严重制约了银耳产业的发展，影响耳农生产积极性，进而失去市场竞争能力。因此，提高银耳栽培技术，降低栽培成本，已成为银耳栽培的当务之急。

利用桑枝条栽培银耳，既解决了农业废物处理，使桑蚕业产业链条增值，又为农民增收提供了一条新的途径。同时，桑枝菌糠还可以作为有机肥还田，形成"桑叶养蚕、桑枝种菌、菌糠肥桑"的循环蚕业模式。

（一）培养基

培养基配料由下列重量份的原料组成：桑树枝木屑200千克，棉籽壳1 000千克，麦麸180千克，黄豆粉15千克，生石膏18千克，硫酸镁0.4千克，磷酸二氢钾0.4千克，水1 400千克，所述桑树枝木屑粒径为0.8毫米。

（二）栽培步骤

1. 拌料 将上述配方量的硫酸镁和磷酸二氢钾分别用部分水溶解得硫酸镁水溶液和磷酸二氢钾水溶液，向上述配方量的桑树枝木屑中加入所得的硫酸镁水溶液和磷酸二氢钾水溶液后拌匀得到预湿的桑树枝木屑；棉籽壳用剩余的水单独预湿，预湿12小时，得到预湿的棉籽壳。将上述配方量的麦麸、黄豆粉、生石膏与预湿的桑树枝木屑、预湿的棉籽壳混合，搅拌均匀得到装袋用培养基配料。

2. 装袋 料袋选用规格为55厘米×13厘米×0.05厘米的聚乙烯薄膜袋，每袋装培养基配料1.3千克。装完袋后，用打孔器在栽培袋一面均匀地打3个接种孔，孔深1厘米，其深度要一致，不能太深或太浅。打完孔后，将食用菌专用透气胶布贴上，孔口四周封严压密。装袋时间不能超过4小时，然后搬进灭菌灶消毒灭菌。

3. 灭菌和冷却 采用常压高温灭菌，温度105℃，灭菌24小时。灭菌完毕立即通风降温，温度降至60℃，趁热将菌袋送入已消毒过的发菌房中呈"井"字形堆叠（趁热在 60 分钟内把栽培袋搬运至已消毒的接种室），冷却。待袋内温度冷至 28℃以下，方可接种。

4. 接种　菌种入穴要比胶布内凹 1.5 毫米，每穴接种量 1.5 克菌种。接种人员再将接种后的菌袋上下层按井字形每层 4 袋横竖交叉叠放，菌袋不要压在穴口上，以便于观察发菌情况。接种完成后，接种人员要及时将留在发菌室内的残留物清除干净，保持发菌室清洁。

5. 培养　接种后前 3 天温度控制在 26℃，空气相对湿度在 60%，尽量减少人员出入，不需通风换气。3 天后，温度控制在 22℃，通风 3 次，每次 30 分钟。第八天，去掉套袋，撕去胶片，然后盖上报纸喷水保湿管理。待子实体平均直径达 16 厘米，单朵鲜耳平均重达 250 克时，停止喷水。若菌袋收缩出现皱褶、变轻，耳片收缩，边缘干缩，有弹性，即银耳成熟可以采收。

采用本方法进行银耳栽培时，可减少棉籽壳用量，银耳菌丝生长好，出菌快，出菇率和产量均有提高。同时本方法操作简单，不需额外增加设备设施，日常管理成本不高，适宜规模化栽培银耳。

三、利用桑枝栽培竹荪技术

竹荪营养丰富，味道鲜美，是宴席上的名贵菜肴。竹荪的药用价值也很高，具有补气活血、强精健胃和抗癌防癌等功效，也能防治高血压、高胆固醇和肥胖病。据检测分析，干竹荪中含有蛋白质 20.2%，脂肪 2.6%，碳水化合物 60.4%，并且含有 24 种人体所需要的氨基酸和钾、钠、钙、磷等多种矿物质。竹荪在人工驯化栽培没有突破之前，价格昂贵，随着科学技术发展，人工栽培竹荪已得到了快速发展。但目前人工种植方法所用原料以竹材料为主，经粉碎后添加部分秸秆和化学原料，先将鲜竹竿、枝、叶全部清洗后，送压榨机压榨榨渣就是竹绒，用竹绒来培育竹荪。向程等人研究了一种以桑枝为主要原料，配以农作物秸秆生产竹荪的方法。该方法一次栽培可连续收获三年，竹荪产量高，质量优。

栽培步骤如下。

（1）按常规方法采集种源及菌种提纯培育，最后获得团块状栽培种备用；本实施例采集长裙竹荪菌种，经母种培养基培养、原种培养和栽培种培养，获得栽培种备用。

（2）种植原料配制，按下列组份和重量比配制：干桑枝80%，干玉米芯10%～15%，干竹类5%～10%，将上述组织细胞已干死的原料剪扎成3～10厘米小节，玉米芯切碎成3～5厘米即可。本实施例选择干桑枝剪扎成6厘米、干竹竿剪扎成5厘米、玉米芯切碎成4厘米。将上述原料混均进行发酵处理，先将上述混合料用清洁水发湿，使原料内部吸水湿透再加入0.1%的过磷酸钙水使其含水量达65%～70%，一般用量为原干料的1/2，堆积并覆盖塑料薄膜保温保湿发酵18天，其间3～4天，翻堆一次，最终调整pH为6，备用。

（3）选择场地开挖畦，选择坡度为15°～45°，通风向阳，排水通畅的林间、竹林、桑果园、高秆农作物行间或蔬菜瓜果棚下任一种地方开挖栽培畦，畦深15厘米，长度、宽度根据需要而定。本实施例选用人工林行间，坡度为45°开挖栽培畦，本实施例选用长30米、宽1.1米、深15厘米，并在畦内撒一层石灰粉，厚度0.1～0.3厘米，以防治杂菌和白蚁，并做好排水沟和人行道。

（4）铺料播种　将发酵好的种植原料分三层铺入畦内，每铺一层5～8厘米料后在料面上点播栽培菌种，菌种分成1～2厘米³小团块，相距10厘米左右放一块菌种，最好呈品字形排列，然后再铺一层种植原料，再行播种，直至第三层菌种，播种完成后覆盖肥沃的沙壤土，覆土厚度为4厘米，再浇透水，然后在种植好的畦面上撒上5～10厘米长段的稻草段1厘米，稻草段用

20%石灰水浸泡后堆积 1～2 天备用，最后用塑料薄膜覆盖保温保湿，在 17～20℃、湿度 60%～70%，遮光培养 20～30 天。期间播种 7 天后，每天揭开塑料薄膜通风一次，每次时间在 30～50 分钟，当菌丝长满料面和覆盖层上长有菌丝体时揭去塑料薄膜。

（5）发菌期管理　遮光培养 20～30 天后，菌丝穿出土层表面后去除覆盖的稻草层再覆土 2 厘米，最后将覆盖的稻草层重新铺上 1 厘米，并进行水分管理，调节温度，进行通风和光照管理，当菌蕾球形成，保持温度在 16～28℃，湿度 70%～90%。

（6）成熟期管理　成熟菌球生长环境温度应控制在 16～28℃，空气相对湿度达 85%～95%，即可开裂，菌柄伸出，从菌柄和菌盖间吐出菌裙，菌裙开张度达最大时应及时采收，加工。

四、利用桑枝栽培灵芝技术（盆栽观赏灵芝）

灵芝属于担子菌纲，多孔菌目，多孔菌科，灵芝属。灵芝自古以来就被认为是吉祥、宝贵、美好、长寿的象征，自古便有仙草、神草、瑞草之称。药理研究表明，灵芝还具有保肝、解毒、强心、安神、益肺气、利关节等功能，中华传统医学长期以来一直视之为滋补强壮、固本扶正的珍贵中草药。近年来，灵芝作为装饰性物品开始进入人们的生活，灵芝配合各种中草药植物、花草，融合现代人养生、时尚、美观、新颖的心理需求，集养生与观赏性、艺术性于一体。利用桑枝来栽培灵芝，有利于延伸蚕桑产业的产业链，促进该产业的良性循环。

（一）种植材料及配方

（1）栽培品种　由蟒河野生灵芝分离所得，出菇温度 25～35℃，棕红色，多单生，体大而圆正。

（2）种植材料　当年生桑树枝，直径 0.5～1.5 厘米，截成 20 厘米段，其他有碎木屑、麸皮、石膏等。栽培袋采用折幅 18

厘米×38厘米×0.04厘米常规聚乙烯袋。

（3）种植配方　按重量百分比桑枝段69％、木屑10％、麸皮20％，石膏1％进行配比。

（二）栽培步骤

1. 菌种生产

（1）母种　采用PDA培养基，0.11兆帕，灭菌30分钟，待斜面培养基冷却至无水后接种，置24℃恒温箱培养14天。满管，待用。

（2）原种　按重量百分比木屑78％、麸皮20％、石膏1％、糖1％进行配比。料∶水＝1∶1.1。用15厘米×28厘米×0.05厘米折角聚丙烯袋装袋，高压灭菌，0.15兆帕，2.5小时，冷却接种，接种后分别在10天、15天和20天，检查有无杂菌污染情况。培养温度24℃，29天基本满袋，待用。

（3）栽培种　制作同原种。

2. 栽培袋制作　装袋前1天，将桑枝段压入水池浸泡，使之含水量达到60％。将木屑、鼓皮、石膏等掺和后加水拌匀，料∶水＝1∶1.1。装袋时先在袋底铺一层厚约2厘米的碎料，然后将桑枝段装入，并用碎料填实桑枝段之间空隙，再铺一层2厘米厚碎料压实。装料要均匀紧实，料面平整，套环高度距料面3厘米，棉塞提起不掉落。

3. 灭菌接种　装袋与灭菌时间间隔控制在6小时内，常压灭菌，料温100℃，24小时，灭菌后自然冷却，待料温降至28℃开始接种，接种前严格做好接种箱、菌种、接种工具和工作人员衣物用具等各项消毒工作，接种时将菌种册碎成玉米粒大小，每袋下种量20克左右，接种后摇种至菌种均匀分布在培养基表面。

4. 培养　接好种的菌袋移入培养室，发菌期间温度保持在22～26℃，空气相对湿度55％～65％，空气清新，暗光培养，35天时基本满袋。

5. 催蕾发生

（1）当菌丝满袋后，把菌袋温度降至24℃，7～10天。

（2）10天后将袋温升至28℃，保持空气相对湿度90％，充足的氧气和散射光。

（3）3～7天后，培养料表面出现黄豆粒大小的白色突起，即子实体原基。此时保持出菇场温度24～28℃，空气相对湿度90％～95％，充足的氧气和散射光。喷水要少量多次，喷空间和地面，不宜将水喷在幼蕾上。

6. 育菇管理

（1）子实体生长过程中，温度24～28℃，空气相对湿度85％～95％，光线和通风根据生长情况和整形需要进行调整。

（2）当子实长至3厘米高时，调控光源，让子实体处于弱光中，减少通风次数，使 CO_2 含量在0.1％～0.3％，每次通风时间控制30分钟内，每天1～2次。这样做会使菇柄粗壮，并会出现较多分枝。

（3）当菇柄长8～10厘米时，增加光照和通风，恢复正常生长需求，让子实体开始展片。

（4）挑选自然造型好的进行第一次嫁接，在白色生长点上用利刃开"V"字形口，取正在生长中的子实体，将基部削成和"V"字形口相吻合的接穗，插入并结合紧实，2～3天即可愈合。

（5）第一次嫁接7～10天左右可进行第二次嫁接，方法同上。

（6）第三次嫁接完成后，当子实体叶片完全展开，边缘生长点完全变红，将要进行孢子弹射时，移出出菇培养室自然风干。在干燥期间注意，防尘和反潮。风干时温度20～30℃，24小时大通风。

（三）喷漆、装盒

（1）子实体干后，用干净软布，软毛刷擦净子实体表面附着物，为使其保存更长时间，用环保型清漆喷涂3遍，每遍间隔

2 天。

（2）去掉 2/3 的培养袋，栽入盒中，用洗净的七彩碎石填充，至此，一盆造型优美的灵芝便成了。

培养过程中应当注意，在子实体的生长过程中，弱光可以刺激子实体柄部不断伸长，甚至不分化菌盖。而 CO_2 含量达到 0.5％～1％的时候，子实体分枝较多，如鹿角一样。在子实体生长过程中，要充分灵活地利用这两个因素，使子实体畸形生长，这样就可以获得奇形灵芝子实体。嫁接时接合部位要紧密吻合，接穗个体过大，可辅助支撑。喷水加湿时，不宜将水直接喷在菇面，否则叶片表面容易有水渍。培养基越大越容易获得高大的灵芝子实体。

五、利用桑枝培养桑黄

火木层孔菌（*Phellinus igniarius*）中文别名针层孔菌、桑黄、桑灵芝。桑灵芝中的多糖等活性物质能够提高人体免疫力，减轻抗癌剂的副作用。中药书籍上记载桑黄具有利五脏、软坚、排毒、止血、活血、和胃、止泻等功效。

桑黄虽然名气比不上冬虫夏草，但药理作用却与冬虫夏草不分上下。由于野生桑黄生长极为缓慢，数量稀少，为了满足人们强身健体的需求，迫切需要采用人工栽培的方法大量生产桑黄。

栽培方法如下。

80 千克新鲜桑树树枝锯末、6 千克玉米粉、4 千克氯化铵、1 千克 0.1％三十烷醇乳液和 9 千克水混合均匀，通入 160℃蒸汽杀菌 90 分钟，冷却至室温，用透明聚乙烯圆柱形袋子装袋，植入桑黄菌体，放入培养室内，在 28～32℃，相对湿度为 70％～80％的环境下培养 30 天，得到桑黄。

第四节　桑枝其他方面的开发利用

桑树栽培历史悠久，我国桑园面积约 1 000 万亩*，其中以江苏、浙江、四川等主产区最为集中。桑枝是桑树组织中仅次于桑叶、生物产量较高的部分。在实际蚕桑生产中，由于需要生产大量的优质桑叶以满足养蚕农业的现实需求，桑园在常规的生产桑叶过程中需要每年定期剪伐枝条，而这些桑枝往往就地堆积，并未充分利用，造成该生物质资源的极大浪费。此外，桑园里随意堆放的剪伐桑枝是桑病害昆虫的主要寄生场所，不及时处理桑枝会造成桑园大面积的病虫害，因而及时处理桑枝也是桑树昆虫病害防控的工作需要。

一、桑枝活性炭的生产

活性炭是一种利用生物有机物质（如木材、焦炭、石油焦、各种坚果壳等）制备的具有发达孔隙结构和大比表面积的多孔炭材料。利用不同的原料和不同的工艺进行制备，进而得到了不同性能的生物活性炭。以木材为原料的传统的活性炭的制备已受到林业发展的限制，于是利用多种替代生物质为原料来制取活性炭越来越被重视。目前，各种生物质制取活性炭的研究已在不断地进行，有些已经规模化生产。利用植物类原料（如木材、椰壳、核桃壳、秸秆、玉米芯、烟秆、麦秆、稻秆等）的天然结构，可以制得比表面积大、微孔发达、机械强度高的活性炭。

因而，利用桑枝为原料制备活性炭具备得天独厚的资源优势：来源广泛、成本低廉、附加值高、综合利用。利用桑枝为原料制备活性炭，不仅能够控制桑园昆虫病害的源头，更重要的是，充分利用了桑园废弃物丰富的碳资源，避免了其引起的环境

---

*　亩为非法定计量单位，1 亩＝1/15 公顷，下同。——编者注

污染，拓宽了我国高性能活性炭生产的原料来源渠道，以满足国内外对高性能活性炭不断增长的市场需求，具有较大的经济价值和社会意义。

制备工艺如下（图 2-2）。

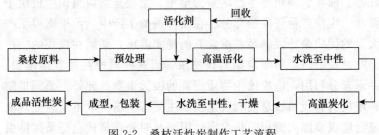

图 2-2 桑枝活性炭制作工艺流程

将桑枝洗净，除去尘土后在 120℃下烘干，粉碎至 60 目。浸泡于重量百分比 48% 的磷酸溶液中，85℃下浸渍 14 小时，浸渍比为 2.1∶1（W/V）。抽滤后，将其置于管式炉中，在温度 500℃且充氮隔氧条件下炭化 2 小时，关闭电源后取出，用蒸馏水洗涤至 pH 为 6～7，在 100℃下干燥 12 小时，烘干，即得桑枝活性炭，得率为 38.93%，测定碘吸附值为 889.93 毫克/克。

二、桑枝成型燃料的制造方法

桑枝为桑蚕产业副产物之一。桑树每年冬夏各剪伐一次，每公顷桑园可产桑枝 38 吨。目前桑枝未能有效利用，除了少量用作食用菌栽培外，其余成为了蚕桑业的废弃物，每年所剪伐下的桑枝几乎是随处堆放任其腐烂或焚烧，资源浪费严重，蚕桑业的废弃物正日益成为了蚕桑产区的环境与大气污染源。将桑枝加工成致密型桑枝成型燃料，属于废弃物加工转化成的可再生优质生物质能源，可以替代煤炭等矿物能源燃料，广泛应用于工农业生产和生活领域，用作家庭生活燃料，也可用于给热和发电等能源，桑枝成型燃料燃烧后的炭灰又可用作肥料。这样既延长了蚕桑产业链，增加农民收入和改善其生活环境，解决了桑枝条环境污染问题，又开发了新能源，达到了社会效益、经济效益、能源效益和环境效益等综合效益多赢的显著效果，是解决当今蚕桑产业废弃物浪费、环境污染的重要手段。

制备工艺如下。

原料 ──→ 粉碎 ──→ 搅拌混合 ──→ 输送上料 ──→ 成型 ──→ 冷却 ──→ 包装 ──→ 产品

图 2-3　桑枝成型燃料制作工艺流程

如图 2-3 所示，桑枝成型燃料的制造方法，是将原料桑枝倒入粉碎机中粉碎，再将经粉碎桑枝粉末 96 份、助燃剂煤粉 2 份、高岭土 1 份和石灰粉 1 份的重量份数称料，投入混合机中搅拌混合均匀，然后经输送机送入液压驱动活塞型成型机中，控制压力为 210 兆帕，温度为 180℃进行连续式挤压成中间有孔的圆形柱体，脱模后自然冷却，最后包装即得到桑枝成型燃料产品。本产品技术指标为：密度为 1.1 克/厘米^3，热值为 20 887.4 千焦/千克，灰分为 1.36％，水分为 11.5％。

采用本方法制备桑枝成型燃料操作方便、生产效率高、成型体积小、堆放空间小、卫生，是发展循环经济的好方法，增加了蚕农经济收入，还能减少桑枝的环境污染，经济效益、社会效益和环境效益显著。

三、桑枝地板的加工生产

现有技术的复合地板，普遍采用竹、木胶合组成，为人们的家庭住宅和办公场所的地面铺设增添了足够的大自然气息。但美中不足的是缺乏天然的对人体有益的保健作用。如果利用蚕桑业废弃的桑枝作为原料加工生产复合地板，可以提供一种既可保持大自然的气息，又能达到天然的且对人体有益的具有保健功能的桑枝集成复合地板。

桑枝集成复合地板的技术方案，包括上面层、中间层、下底层黏胶复合以及榫头榫槽。所述上面层是桑枝集成板；所述中间层可以是多层合成板，或编织竹席、编织竹帘、木屑合成板、木片；所述下底层可以是编织竹席，或编织竹帘、木片、塑料板。

制备方法如下。

图 2-4 所示的桑枝集成复合地板，包括上面层 1、中间层 2、下底层 3 黏胶复合以及榫头 4、5，榫槽 6、7。其上面层 1 是桑枝集成板，其中间层 2 是多层合成板，其下底层 3 是塑料板。

其上面层 1 的桑枝集成板是将桑枝条烘干、脱脂、浸胶晾干后纵向排叠于模具内高温高压固化集成，经冷却定型，然后切割成板料。当然，作为地板本身是桑枝集成板制成，也属于本实用新型保护范围之内。

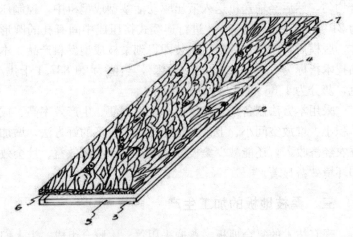

图 2-4　桑枝集成复合地板

桑枝集成复合地板的有益效果在于：桑枝纤维含量高，强力大，伸度好，重量轻，桑枝还具有药用功能，其性味苦干，偏入肝经，功擅祛风湿、通经络、利关节、行水气。因此，用桑枝集成板复合地板具有对人体的保健功能。桑枝重组集成后的板料出现的形状各异的图案充分体现出大自然的气息。

四、桑枝防火密度板材生产

中国是桑蚕生产大国，每年砍下的桑枝就有 3 000 多万吨。同时，我国又是一个人口众多、森林资源严重匮乏的发展中国家，森林覆盖率为 18.21%，人均森林资源拥有率不足世界平均水平的 1/10。伴随着国民经济的高速发展和人们生活品质的迅速提高，木材需求已成为我国最为短缺的资源之一。因此，在中国发展桑枝人造板前景广阔。国外对麦秸和稻草在作为板材原料的应用研究起始于生产斯强板，该项技术最早发明于瑞典，现已有 20 多个国家建立了生产厂，年生产能力约 6 400 万米^3。因此，以桑枝为原料开发生产防火密度板材具有广阔的市场前景。

制备方法如下。

1. 桑枝粉碎　桑枝粉碎后的粒径要求在 0.1～0.5 毫米，粒径不要太大或太小，过大的粒径会影响到板质的均匀，过小的粒径起不到纤维应有的拉力强度。桑枝粉碎后的颗粒含水量小于 27% 为宜。

2. 配料　将桑枝粉粒与氧镁水泥、珍珠岩、滑石粉或石英粉按质量比为 1：5：0.1：03 进行配料，现配现用。注意在加入填料时，不能加入石灰粉和轻钙等物质。

3. 搅拌打浆　将配好的料放到搅拌机中，加入凝固剂进行搅拌打浆。气温低于 20℃ 时，可适当打稠一些；当气温大于 20℃ 时，可适当打稀一些，并要迅速下料辊压，以避免因温度过高，加速原料的化学反应过程，使料凝固造成直接经济损失和影响机器的正常运转，甚至损坏机器设备。打浆时要打得均匀，避免在加入凝固剂时因打浆不均匀而形成团状物，影响到板材的质量。最好在搅拌机上考虑设置倒顺开关和变速装置，以便将浆打得更均匀。

4. 辊压成型　将打好的浆迅速放入辊压机中辊压，辊压机中预先装好玻纤布和无纺布，辊压机布板的速度是可以调整的，工人操作熟练可以将速度放快一些，相反则要放慢一些。

5. 固化定型 材料的化学反应需要一定时间过程，在南方地区当温度低于 20℃时，需要化学反应 48 小时；当温度超过 20℃以上时，需要化学反应 24 小时，才能脱膜。然后按目标规格裁剪并平垫好，这样保持自然化学反应和自然排湿的情况下养护 5～8 天，否则会出现强度损失 10%～20%。

6. 浸泡 将固化定型的桑枝板放到水池中浸泡 6～10 小时，这个过程是桑枝板材防水防潮的一个重要步骤。

7. 晒干 将浸泡后的板材，取出后可以在阳光下曝晒或风干。南方在阳光下一般曝晒 3～4 天可将板晒干。

8. 切割、检验、包装、入库 将晒干后的板材按目标规格进行切割、分类、检验。检验主要检查板材外观、厚薄均匀度、表面光度、强度等，然后包装入库、出售。

采用上述工艺流程，用桑枝可以生产出各种规格的防火密度板材。

五、桑枝木塑门线条

门线条是用来包封门框的，起装饰作用。传统的门框包封是采用实木线，由于其价格较高，普通家庭难以承受，并且加工实木线条需要使用大量的木材，而随着木材资源缺乏，使得实木线条价格进一步增加。因而市面上出现了塑料门线条，其价格相对实木门线条便宜，但其强度和稳定性都比较差，不足以满足人们的需要。由于桑木是一种常见的树木，因其形态较为凌乱、枝桠较多且高度不高，使得其用处不大，因而价格低廉，如果采集桑木作为材料加工成木塑门线条，能使桑木资源得到充分的利用。

制备方法如下。

（1）利用桑木制作门线条时，首先将桑木存放干燥一段时间，然后将其粉碎，再将桑木与砂光粉、PVC 粉等其他配料混合，并加入胶水搅拌，然后通过压合机以及模具配合加工形成门线条。

（2）参见图2-5，一种桑枝木塑门线条，包括线条本体，所述线条本体由主板1和一垂直于主板1的侧板2构成，安装时在墙上或预埋门套框板上开设一条形安装槽，然后将线条本体的侧板2插入该安装槽内，这样就无需使用钉子钉装，避免了对门套线造成损坏，更加便于安装。在主板1和侧板2上均开设有若干贯穿其两端的通孔3，所述通孔3呈条形、矩形或圆形。

线条本体上开设通孔，使门线条的抗变形能力更强，更加稳定；采用桑枝木为材料，成本更加低廉。

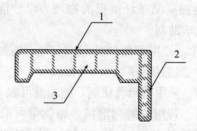

图 2-5 桑枝木塑门线条结构

六、桑枝纤维板的生产

春蚕末桑树在夏伐过程中，产出大量的桑条，目前农村多作为薪材烧掉，很不经济。如果利用桑条生产纤维板，可大幅度提高经济效益。

（一）生产工艺

桑条纤维板的生产有干法和湿法两种，国内目前多采用湿法生产。江苏省仪征纤维板厂的湿法生产工艺流程如下。

桑条储备→木片制备→碱法蒸煮→纤维分离→打浆→施胶→模框成型→机械预压→热压→湿处理→截边

1. 桑条储备 桑条来源受季节限制，工厂应有储备场所，以保证原料来源，同时要求桑条含水率为 35％～40％，若过低应浸泡。

2. 木片制备 工艺上要求木片长 20～25 毫米，宽 10～30 毫米，厚度 2～5 毫米。常用的木片制备机械有辊式削片机或盘式削片机两种。切削桑条以盘式为宜。

3. 制浆 制浆过程包括碱法蒸煮、纤维分离和打浆三个步骤。桑条纤维板的质量与浆料质量关系密切，希望纤维要尽可能长一些、细一些。滤水速度控制在 15～18 秒/千克为宜。

为减少工业废水量，最好高浓度成型，通常施胶前浆料浓度约 3％，成型浓度约 2.5％。

4. 施胶 为提高桑条纤维板的物理力学性能，一般需在浆料中加入下列化学助剂。

（1）增强剂 若用酚醛树脂胶（PF），施加量可取 2％～3％，若用血胶，施加量可取 8％～10％。

（2）防水剂 采用石蜡乳化剂，施加量可取 1％～2％。

（3）沉淀剂 若用硫酸铝溶液，施加量可取 4％～7％。浆料的 pH 一般控制在 4.5～5.0。成型过程经工艺模框成型和机械预压两步。成型预压后的板坯含水率约为 70％，规格为 3 米×7 米。

5. 热压 板坯在多层平压机上热压，热源由蒸汽锅炉供给。采用三段加压曲线。热压温度为（180±5）℃，热压时间 6～7 分钟（板厚 4 毫米），单位压力约为 50 千克/厘米² 左右。

6. 湿处理 为了使纤维板规格稳定，使整张板子具有 6％～8％均匀分布的含水率，通常对热压后的板子进行湿处理。桑条纤维板厂一般规模小，可用周期式加湿室处理，也可以用加湿机。

7. 截边 产品出厂前应截锯成规定的尺寸。

总之，桑条纤维板的生产工艺并不十分复杂。整个工艺过程所需的机械设备，目前我国均有定性的全套设备供应。

（二）性能及应用

用桑条为原料制成的纤维板，产品物理学性能可达到国家二级品，静曲强度 300 千克/厘米^2，容积大于 800 千克/厘米^2，吸水率小于 30％。桑条纤维板幅面大，防腐防蛀，无开裂现象，可锯可钉，可油漆，能够广泛地用于建筑、车船修理、家具制作等。在农村、城镇的临时铺店用作屋面板，比用芦席的使用期长 5 倍左右，而且施工简单，清洁美观。

七、桑枝饲料的加工生产

近年来，非粮性饲料技术发展迅速，树叶、秸秆、木屑等农业废弃物经微储、热喷、化学、生物等处理方法均可将非粮性作物或其废弃物转变为粗饲料或精饲料。蚕桑业中的桑叶用于养蚕，而每 667 米^2 干桑枝的产量高达 350～700 千克，鲜重达 10 000 千克以上，使得桑枝成为难以处理的农业废弃物。桑枝含粗蛋白 5.44％、纤维素 51.88％、木质素 18.81％、半纤维 23.02％、灰分 1.57％，此外，桑枝还含酚类物质、果胶、葡萄糖、玻拍酸等有效成分，其养分较多年生木本植物的木屑含量较高，表明桑枝更有利于程序加工生产动物饲料。

（一）饲料组成

本技术所需原料有效成分大各组成分的重量百分比如下。

（1）粉碎桑枝 50％～95％。

（2）秸秆粉（桑枝替代品）30％～50％。

（3）米糠 10％～15％。

（4）尿素 3％～4％。

（5）禽畜粪（替代米糠和尿素）30％～70％。

（6）食用菌种、中低温好气微生物、酵母菌为上述总配比 1％～20％。

（二）工艺流程

其工艺程序如下。

1 原料粉碎→2 原物料混合膨化→3 中低温好氧微生物发酵→4 真菌接种→5 固态真菌菌丝发酵→6 酵母发酵→7 饲用。每一程序分别说明如下。

1. 原料粉碎 桑枝经粉碎机粉碎至粉末状或一定大小备用（颗粒大小视喂饲动物口器而定，一般牛为 5 毫米，猪鸡则为 1 毫米以下粉末状较佳）。鲜桑枝营养成分较佳，干桑枝养分较低。原料配比比例是将碳氮比调至 20～35：1。

2. 原物料混合膨化 将碳源（粉碎桑枝和秸秆）原料与米糠混合后，使用膨化机将原物料膨软化，初步将纤维素分解，同时将不必要的杂菌做高温灭菌处理。若原物料纤维素含量 30% 以下，可不进行膨化程序。膨化之后，混合物可降解 10%～20% 的纤维素。

3. 中低温好氧微生物酸酵 膨化物料、尿素及中低温好氧微生物制剂以搅拌机或人工混合均匀后将含水量调整 60%～70% 后堆置，发酵料的温度在堆置后由常温升高 50～60℃ 保持 3～6 小时搅拌一次，如此重复三次或是升温至 50～60℃ 保持 2～3 天，期间间歇通气 30 分钟。中低温好氧发酵菌种主要有枯草杆菌、无芽孢类细菌、嗜热真菌和放线菌等中低温菌种。本程序约可降解纤维素 10%～25%，特殊菌种可提高至 30%～40%。可用无生物毒性的碱性或酸性物质将 pH 调整至 6～8，一般以调整至碱性环境较佳。

4. 真菌接种 真菌接种可采用一般液态或固态发酵过程所生产的食用真菌或是高效木质素分解菌菌液作为接种源，或是由菇类培养场取得无杂菌污染且已长满菌丝的菇类培养包。利用搅拌或液态注射将菌种均匀地与物料混合以利菌丝快速增长，缩短发酵时间。

5. 固态真菌菌丝发酵 本阶段以培养真菌菌丝为主要目的，将碳氮比维持在 20～30：1（越接近 20：1 或更低较有利菌丝生长，不利子实体生长）。大量使用接种真菌菌液或菌体达重量比为 10％以上，可减少二次灭菌程序，加速发酵速度和杂菌发酵机会。本程序可采发酵间堆置法或是袋式发酵方式进行发酵，空气湿度维持在 90％，最适温度以所选择的菌种为主，通常发酵堆易产热，故采用耐高温食用菌菌株，其分解能力较佳。培养环境要维持充足的氧气和二氧化碳，食用菌为腐生菌不需照光，故保持在黑暗条件较佳。一般食用真菌菌种其菌丝生长时间 5～15 天，视白色菌丝均匀分布即表示 30％～40％木质或纤维素已经分解，桑枝的组分已大部转变为动物可利用之真菌及微生物蛋白。

6. 酵母发酵 酵母发酵为一般厌气发酵即可进行，可将固态真菌发酵产物直接置入封闭桶或槽体内，加入适量酵母菌或是乳酸菌等厌气产酸菌种，搅拌均匀，完全闭封使之成为厌气酸酵环境，让酵母菌作用 1～3 天即可制成带酸香气味之饲料。本程序以生物性强酸环境对纤维素做降解，其降解可达 20％～30％。此时，原物料中的纤维素及木质素总量会降解至 18％以下（通常为 5％～10％），成为精饲料。酵母厌气酸酵的优点是将口感不佳的固态真菌酸酵产物进行酵母菌酸性发酵，并利用酵母酸酵所产生的强酸环境灭除好气杂菌，并提高适口性。

7. 饲用 酵母发酵后的产物依据饲养禽畜种类调整微量元素及辅料或直接喂饲畜禽，也可采用一般饲料的烘干与造粒工艺制造成颗粒饲料。用此工艺方法生产的桑枝畜禽饲料，可明显提高桑枝类产品的营养性和适口性。

八、桑枝发酵生产花卉栽培基质

桑枝富含纤维素、粗蛋白等多种营养物质，可作为食用菌的栽培培养基。桑枝的韧皮部分和木质部分也是制浆、制板和开发韧皮纤维的良好材料。在现代蚕桑技术发展的带动下，桑枝的综合利用率有所提高，但仍然处于较低水平，仅为 10％左右，造成了资源的极大浪费，而利用废弃桑枝为原料发酵生产花卉栽培基质可以进一步提高桑枝的利用率。

（一）制备兰花栽培基质

1. 原料预处理 将剪伐的新鲜桑枝条采用棉秆切断机粉碎成 1～4 厘米的桑枝屑。

2. 发酵 粉碎后的桑枝屑接入桑枝堆沤重量 1％的硫酸铵和 2％的 EM 微生物制剂，混匀堆沤，初次淋水至桑枝段湿润，含水率为 45％～50％，而后每周翻堆一次，淋水一次至含水率与初次淋水大体相同，堆沤时间持续 45 天。

3. 干燥 发酵完的桑枝屑在常温下摊开自然风干后保存，作为兰花栽培基质主料。

4. 复配 将步骤 3 所得的桑枝屑与碎石按体积比 75∶25 混匀即可。

（二）制备花卉育苗基质

1. 原料预处理 将剪伐的新鲜桑枝条采用桑枝专用粉碎机粉碎成 0.5～1 厘米的桑枝屑。

2. 发酵 粉碎后的桑枝屑接入桑枝堆沤重量 2％的碳酸氢铵和 1％的 EM 微生物制剂，混匀堆沤，初次淋水至桑枝屑湿润，含水率为 60％～65％，而后每周翻堆一次，淋水一次至含水率与初次淋水大体相同，堆沤时间持续 60 天。

3. 干燥 发酵完的桑枝段在常温下摊开自然风干后保存，作为花卉育苗基质主料。

4. 复配 将步骤 3 所得的桑枝屑与泥炭、珍珠岩按体积比 50∶25∶25 混匀即可。

第三章　桑果资源化利用技术

桑果又名桑椹，早在 2 000 多年前，桑椹已是中国皇帝御用的补品。因桑树特殊的生长环境，使桑果具有天然生长、无任何污染的特点，所以桑椹又被称为"民间圣果"。它含有丰富的活性蛋白、维生素、氨基酸、胡萝卜素、矿物质等成分，营养是苹果的 5～6 倍，是葡萄的 4 倍，具有多种功效，被医学界誉为"21 世纪的最佳保健果品"。常吃桑椹能显著提高人体免疫力，具有延缓衰老、美容养颜的功效，是防病保健的佳品。1993 年，中华人民共和国卫生部将桑果列入既是食品又是药品的名单之中。作为药品，它性味甘、酸、凉，可滋补肝肾、养血祛风、安养神心、延缓衰老。主治耳聋、目昏、须发早白、神经衰弱、血虚便秘、风湿关节痛、失眠健忘、身体虚弱等症状。作为食品晒干食用，甜而微酸，颇似葡萄干；用来酿酒，别具风味。特别是桑果中含有一种叫"白黎芦醇"（RES）的物质，能刺激人体内某些基因抑制癌细胞生长，并能阻止血液细胞中栓塞的形成。另外，桑果还可以阻止致癌物质引起的细胞突变。

目前，由于桑果的季节性很强，很难保存，多以鲜食为主，为了延长桑果的食用期限，解决季节性问题，现在市场上出现了不少常规的桑果汁和普通桑果酒产品。但是这些现有产品存在原料利用率低（去皮、去渣，营养成分流失），储存携带不方便，产品档次不高、附加值低，未能真正体现出桑果应有的商业价值等缺点。

桑果每年采收期很短，通常只有一个月，一般采用桑果原汁或浓缩汁的形式保存原料再用于进一步的加工。桑果原汁生产具有工艺简单、设备投资少、香味保持好等优点，但也有原料储存占用包装材料和场地较多的缺点。浓缩桑果汁相对不经浓缩的桑果原汁而言具有体积小、运输方便、包装成本少的特点。同时由于浓缩桑果汁具有可溶性固形物含量较高、不容易腐败变质的优势，尤其适合于需要长途运输的国际贸易。目前，一般大型出口果汁企业主要产品形式为可溶性固形物含量60％以上浓缩汁。

第一节　天然桑果粉的加工生产

将新鲜果蔬加工成果蔬粉是近几年出现的一种全新的加工方式。由于其具有易保存、食用方便、用途广泛和可调性强等特点，在果蔬加工中的优势是显而易见的。目前，果蔬粉的生产在我国刚刚起步，适合于加工的水果品种不多，果粉品种较少，一般多采用果汁加工。但由于果汁糖分、果胶含量高，一般难以干燥，目前，多用喷雾干燥、微波干燥、膨化干燥、热风干燥等方法生产果粉。但用这些方法加工的产品一般都存在原料利用率低、不易干燥、速度慢（糖分、果胶含量高，黏度大，故不易干燥且速度慢）、易结块、复水性差、色香味变化大、营养损失多等缺点，有时还需要添加其他添加剂才能充分干燥，从而影响产品的纯度，这些缺点影响了果粉作为食品辅料或添加剂用于二次加工和直接食用的特性，制约了果粉的市场和发展空间。

一、加工工艺

1. 原料验收　桑果品种为果香浓郁、色泽艳丽、利用率高的"大十"品种（行业常规桑果品种型号），桑果充分成熟采摘后当日及时运送到厂内，验收合格者方可进行加工。拒绝收购农袋、重金属超标的果，以及病虫果、霉果、烂果、不成熟果。

2. 去蒂　去除桑果底部的果蒂，减少果粉的苦味。

3. 清洗、挑选　用流动水洗去所带泥沙及杂物；在输运带上用手工剔除霉烂、未熟果以及枝叶等杂质。

4. 破碎　挑选后的桑果经破碎机（江苏苏海机械有限公司 HCPS-10 鼠笼式破碎机）破碎，破碎至原桑果总长的 1/4，便于磨浆。

5. 磨浆　用胶体磨（温州龙湾华威机械厂分体胶体磨 JTM-800）磨细破碎后的果块。

6. 均质　将磨细后的果浆通过均质机（上海东华高压均质机厂 GYB3000-45）进一步细化，压力为 22 兆帕。

7. 过滤　用 120 目过滤网对果浆进行过滤，以去除可能存在的杂物和果块。

8. 冻干　用真空冻干机（抚顺市黎明低温干燥设备有限公司 DT3 系列冷冻干燥机）对细化后的果浆进行冷冻干燥，水分控制在 5% 以内具体分两个阶段：预冻阶段的物料厚度 8～10 毫米，温度 −40～−35℃，时间 1.5～2 小时；升华阶段物料厚度为 8～10 毫米，干燥室压强 80～90 帕，加热板温度 60～75 ℃，至果浆水分控制在 5% 以内得到果粉。

9. 粉碎　用超微粉碎机（浙江丰利粉碎设备有限公司 CWJ 超微粉碎机）对冻干后的果粉进行粉碎细化粉碎至粒径大小满足可过大于 200 目的网筛，以达到粉的形态和质量均匀。

10. 包装、成品　对细化后的果粉及时进行包装密封，并入库保存。

二、加工意义

本加工技术针对"大十"品种的桑果糖分高、全部可食、色泽艳丽的特点，先将桑果整果细化后，采用真空冷冻干燥法，结合均质、超微粉碎等技术加工桑果粉，产品不仅原料利用率高、形态细腻、色香味好、色泽鲜艳、复水性好，而且更具有桑果产品的天然属性，同时也解决了一般果粉加工中存在的干燥速度慢、不易干燥的技术难题以及产品中存在如营养成分流失严重、复水性差的缺点。因此，将桑果加工成粉不但丰富了产品品种，而且为食品加工提供了良好的天然辅料和添加剂，具有十分广阔的市场前景。

第二节　桑果醋的加工生产

随着生活水平的提高，人们饮食方式也发生了显著变化，人们在品味食品时，已不再仅仅满足其对能量的需求，而是追求产品营养含量和保健功能。醋是人们日常生活中不可缺少的调味食品，食醋可以增进食欲，提高食物中营养成分的吸收率，深受人们欢迎。但现有食醋绝大多数以粮食为原料进行生产，不但要消耗大量的粮食，而且生产出来的食醋品种也单一，我国是个粮食消耗大国，节约粮食对保障国家的粮食安全极为重要。我国水果资源丰富，但许多水果未能充分利用，甚至造成严重浪费。桑椹是营养极为丰富的保健型水果，内含 18 种氨基酸，其中相当部分的氨基酸是人体必需而体内又无法自然合成的，特别是内含多种抗氧化物质有利于激活细胞，使人延年益寿，特别适宜于中老年人，可预防高血压、高血脂、高血糖和低血压等老年性疾病，被称为是"第三代水果之星"，是很好的保健食品，在国际市场上十分畅销。历代本草称桑椹为"圣果"，称桑树为"东方神木"。早在 1988 年，桑椹即被卫生部公布为药、食两用水果。但桑椹果实成熟集中，采后不耐储藏，极易腐烂变质，造成极大浪费，急待加工利用。桑椹果醋就是桑椹重要的加工途径之一。

一、普通桑果醋的生产方法

食醋是我国传统的调味品，具有很长的历史。食醋具有软化血管，抑菌杀菌，促进消化及防癌的作用。目前，普通食醋没有纯天然果实制品的健康调味作用，这是现有食醋的不足。随着人们对健康的日益关注，越来越重视食醋的营养保健。桑果为双叶植物桑树结的果实，由于桑果中富含维生素、氨基酸、微量元素，因此被誉为"第三代水果之星"。桑果现已被国家卫生部列为"既是食品又是药品"的农产品之一，具有很高的药用价值。开发生产的桑果醋在市场上深受消费者的欢迎。

加工方法如下。

（1）选择新鲜的、成熟度较好的桑果为原料，在清洗机中充分清洗干净、晾干。

（2）将晾干的桑果放在破碎机内破碎，再经过螺旋榨汁机榨汁，最后经压滤机过滤为桑果液。

（3）再取100千克桑果液、5千克纯粮白酒及3千克蜂蜜进行勾兑，然后由搅拌机均匀搅拌1小时。

（4）将搅拌后的勾兑液装入发酵罐进行封存、发酵1年。

（5）最后将发酵后的勾兑液经灭菌机灭菌后，在无菌条件下装瓶即制成桑果醋。

二、营养型桑果醋的制备方法

现有果醋大多以苹果、梨等为原料，采用传统方法进行生产，许多营养成分丧失殆尽，失去了果醋的特点和营养，以桑果为原料把果醋生产和营养保护结合起来制作营养型桑果醋将会大大提高果醋的营养价值。

加工方法如下。

（1）对桑椹进行挑选，去除病腐果，清洗，淋干表面水分。

（2）将步骤（1）得到的桑椹用90℃的热水漂烫2分钟。

（3）将步骤（2）得到的桑椹破碎至1毫米。

（4）将步骤（3）得到的产物装入控温发酵罐中，按原料重量的4%（重量百分率）加入活性酒精酵母液，进行酒精发酵，发酵温度控制在20℃，发酵初期的前40小时应当定时通入无菌空气，3天后当酒精含量达到8%（重量百分率）时，转入醋化罐中。

（5）将步骤（4）得到的产物置入特制深层通气连续发酵醋化罐中，按原料的 10％（重量百分率）加入醋酸菌醇母液，进行快速连续醋酸发酵 26 小时，发酵温度控制在 36℃。

（6）将步骤（5）得到的产物进行虹吸过滤。

（7）将步骤（6）得到的产物加入海藻糖（原料重的 2％）和食盐（原料重的 3％）混匀，进行 6 天后熟，得到醋醪。

（8）将步骤（7）得到的醋醪进行取样化验，根据检测指标和香气、口味、颜色等进行初步调配。

（9）将步骤（8）得到的产物密封，置于 15℃下陈酿 3 个月。

（10）将步骤（9）得到的产物吸附过滤。

（11）将步骤（10）得到的产物取样化验，根据检测结果和香气、口味、颜色等进行产品调配。

（12）将步骤（11）得到的产物用 800 瓦稀土超声换能器进行非热灭菌处理，并进行分装。

第三节　从桑椹中提取红色素的方法

桑椹红色素又名桑椹红，桑椹色素，主要成分为花色苷类化合物，还含有胡萝卜素、各种维生素、糖类以及脂肪油等，紫红色稠液体，易溶于水或稀醇中。桑椹红色素是很好的天然色素，属花青素类，是一种广泛存在于桑椹中的天然色素。桑椹中的红色素含量较高，性质稳定，是从自然界中提取花青素的主要来源之一。桑椹红色素其着色性好，安全性好，水溶性强可以广泛应用于饮料、冷饮、焙烧制品、口香糖、果冻、固体清凉饮料及果酒等，还可以用作酸碱指示剂。

传统的色素提取工艺多采用浸提、蒸发浓缩、溶剂提纯等旧工艺，存在能耗高、溶剂回收难度大、生产过程复杂、色素被破坏、产品纯度低等问题。

目前，主要提取桑椹红色素的方法是溶剂浸提法，常用的有：盐酸—乙醇提取法和柠檬酸—乙醇提取法，该方法中的柠檬酸需要跟 80％乙醇进行勾兑，且柠檬酸浓度需要 0.5％，提取温度需要 70℃。该方法中需采用有机溶剂乙醇，这样就带来了后续的溶剂处理工序，而且也给环境造成了负担。

为解决上述的技术问题，张成如发明了一种从桑椹中提取天然红色素的方法，以克服目前传统的红色素提取方法存在的缺陷：如采用有机溶剂提取红色素带来的后续回收及产生的环境问题，如采用吸附树脂提取成本高的问题。本发明的方法无需有机溶剂，而且提取成本低，但是其提取率高，最大限度保留桑椹天然生物色素成分。

桑椹中提取红色素的工艺流程如图 3-1 所示。

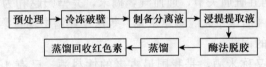

图 3-1　桑椹中提取红色素的工艺流程

1. 预处理　清洗桑椹果、粉碎，打浆，得桑椹果浆。

2. 冷冻破壁法制备分离液　将步骤 1 中所得的桑椹果浆置于−15℃温度下冷冻 40 分钟/升，然后在 30～50℃的温度下解冻 15 分钟/升，果浆分成上、下两层，上层为分离液，下层为果渣，将果渣和上层分离液分离，分别收集上层的分离液和果渣备用。

3. 蒸馏水浸提提取液　按每 1 千克果渣加入 8 升蒸馏水的比例在果渣中加入蒸馏水，搅拌 20 分钟，于 4 000 转/分钟的转速下离心 5 分钟，得提取液。

4. 酶法脱胶　将步骤 2 中收集的分离液和步骤 3 所得的提取液搅拌混匀得色素溶液，向上述的溶液中加入果胶酶，果胶酶与色素溶液的体积比为 6 毫升：1 升，搅拌均匀，45℃水浴 1.5小时，得脱胶后的色素溶液。

5. 蒸馏回收红色素 将步骤 4 中所得脱胶色素溶液减压浓缩至原体积的 1/6，得黏稠膏状红色素。

按照上述方法提取的色素其色价为 38.60，纯度为 81%，提取率为 12.79%。

第四节　桑果黄酒生产技术

桑果的药用功效在很多医学典籍中均有记载。如《本草纲目》中记载："桑果能止消渴，利五脏，活关节，通血气，久服不饥，安魂镇神，令人聪明，变白不老"，"捣汁饮，解中酒毒。酿酒服，利水气消肿，称'桑之精英尽在于此。"《本草拾遗》中记载："利五脏通关节，通血气，捣末，完璧归赵和为丸。"《滇南本草》、《唐本草》、《本草求真》等医学典籍中均有桑果的防病保健功能的记载。

黄酒又称米酒，是我国最古老的饮料酒。已有 4 000 多年的酿造历史。主要是以糯米和黍米等谷物为原料，经过特定的加工酿造过程，使原料受到酒药、酒曲、浆水中的多种霉菌、酵母菌等的共同作用而酿成的一类低度原汁酒（压榨酒）。含有糖分、糊精、有机酸、氨基酸、醋类、甘油、维生素等营养物质。它常有芳香，鲜美醇厚，品种多样，形成特有的色、香、味、体。黄酒可帮助血液循环，促进新陈代谢，具有补血养颜、活血祛寒、通经活络的作用，能有效抵御寒冷刺激，预防感冒，黄酒还可作为药引子。桑果汁的制备方法和黄酒的酿造方法已有了很成熟的工艺，但目前尚无以桑果汁、糯米为原料酿造的桑果黄酒出现。

加工方法如下。

（一）原料组成

果汁 50 千克、糯米 17.8 千克、酒曲 1～1.5 千克、水 32.2 千克、酵母 0.1～0.2 千克。

（二）加工步骤

1. 制备桑果汁　在桑果成熟的时节采撷紫红色鲜嫩的挂枝鲜果，采撷后及时集中分选清洗、粉碎、分离等技术处理放置于冷库中。由于桑果鲜果不宜久放，久放会因腐烂而变味。

2. 糖化发酵　糯米在室温下浸水 12～15 小时，吸水率为 25%～30%，再蒸至熟透而外硬内软，并用冷水淋洗降温，拌入酒曲，搭窝和糖化发酵，加入桑果汁液，并搅拌均匀，进行为期 3 个月左右的共同发酵。期间根据发酵温度及时开耙调整。

3. 压榨和勾兑　待醪盖下沉后，压榨取得酒体清液，同批次酒体之间进行调和勾兑。目的是酒中乙醇含量及色泽进行调整，使产品稳定，保持特有的香味、品位，以达到统一的标准。通过取长补短，重新调整酒内不同成分的组合。俗话说，"七分酿酒，三分勾兑"。

4. 煎酒、澄清、过滤　勾兑后的桑果黄酒，静置一段时间，取上面的清液冷冻过滤除去杂质，一般用不锈钢的板框过滤器，过滤介质可用滤纸或绵质滤布。

5. 装瓶、杀菌　将过滤后的桑果黄酒装瓶后，进行 85～90℃、15 分钟的水浴杀菌。盛酒的瓶子要用毛刷刷洗，最好采用浸冲式洗瓶机，采用刷一浸一冲后用体积百分比为 75% 食用酒精灭菌。罐瓶应在防霉防尘的室内进行，用紫外线消毒空气。

第五节　桑果的其他加工生产技术

一、桑果花青素和桑果酒的加工技术

桑果原汁和浓缩汁除加工成果汁饮料外还可加工成桑果酒。酒类是我国一类重要的消费品，随着科学研究的深入，果酒所具有的优越性得到进一步的认识，消费量越来越大，发展果酒生产是我国当前酒类工业的重要方向。桑果汁中含有丰富的葡萄糖、

有机酸、矿物质、维生素、色泽紫红，非常适合发酵酿酒。利用桑果汁发酵生产的桑果酒不仅保留了桑果中的绝大部分营养成分，还具有色泽鲜艳、酒香浓馥幽郁、酒体丰满、醇厚、酸甜适口、口味绵延、风格独特等特点，堪称果酒中的佳品。利用桑果汁发酵生产桑椹酒可以变废为宝，大大减少桑果对环境的污染，大大提高桑园的综合经济效益，这对于蚕桑生产的稳定和发展有积极的社会意义。

桑果原汁和浓缩汁中富含花青素，花青素属于天然红色素，可以食用。食用色素是非常重要的食品添加剂，给食品以悦目的色泽，给人们以美的享受，对增加人们的食欲有重要作用，而且还是鉴别和评价食品质量的基础，而红色素是使用最广泛的色素之一。桑果花青素也是国家卫生部批准使用的食用天然色素之一，代码08.129。同时，据报道，桑果花青素具有显著的抗氧化、抗癌、消炎作用，对肝脏及心血管具有一定的保护作用。

制备方法如下。

(1) 以65%的桑果浓缩汁为原料，取5千克桑果浓缩汁，加入8千克纯水，稀释到可溶性固形物含量25%，花青素含量29~30毫克/升后，以流速100升/小时的速度流过直径8厘米、高度1.2米的装有4千克X-5大孔吸附树脂的层析柱。当流出的桑果汁可溶性固形物含量达20%时，开始收集流出液，收集12.5千克，收集到的桑果汁可溶性固形物含量24.5%，花青素含量650毫克/升。

(2) 停止收集后，将层析柱中吸附的桑果花青素采用常用的工艺洗脱出来。先用20千克纯水冲洗层析柱，将柱上残余的糖酸等成分冲洗掉，再用0.5%HCl的75%的乙醇洗柱，洗至基本无色，得到20升桑果花青素乙醇溶液，进行薄膜浓缩，得到可溶性固形物含量65%的膏体后，进行冷冻干燥，最后得到桑果花青素25克。

(3) 将上述收集到的12.5千克桑果汁采用常规工艺发酵制

酒，添加 4 克安琪葡萄酒活性干酵母，在 20 ℃条件下发酵 15 天，至可溶性固形物含量不下降，再放置 1 个月，经硅藻土过滤，超滤灌装后得到桑果酒。

二、桑椹速溶果珍的加工技术

桑椹，又名桑椹子、桑果、桑子，是桑科植物桑树（*Morus alba* L.）的果穗。成熟的桑椹中有丰富的营养物质，历来具有食用及中药材之用，很早就被作为水果和中药材得到广泛应用。近年来，科技工作者们对其进行了全面而深入的研究。随着研究的深入，人们又从食品、药品和保健品的角度对其进行了广泛地开发和利用，以增加人们对于桑椹食用价值的认识。桑椹原汁的主要组成中可溶性固形物占 6.6％，总糖占 4.5％，总酸占 0.56％，蛋白质占 1.17％，脂肪占 2.15％，矿物质占 0.47％。桑椹汁的主要营养成分是糖、蹂酸、苹果酸及维生素 B_1、维生素 B_2、维生素 C 和胡萝卜素。桑椹子中脂肪含量为 30.7，桑椹油中的脂肪酸主要由亚油酸和少量的油酸、硬脂酸等组成，还有无机盐、维生素 A、维生素 D 等。桑椹具有多种功效：补肾益肝、改善"生殖亚健康"、生津润肠、清肝明目、安神养颜、补血乌发等；现代医学还发现桑椹具有调节免疫、促进造血细胞生长、抗诱变、抗衰老、降血糖、降血脂、护肝等保健作用。

制备方法如下。

1. 清洗除杂 首先将原料放入水池中清洗，除去泥沙、残叶等杂质及有损坏的桑椹，并换水冲洗干净。

2. 护色灭酶 用 0.05％～0.15％的柠檬酸和 0.05％～0.15％的维生素 C 溶液进行颜色保护约 10～25 分钟，防止在后面实验操作中将颜色除去。然后转入到 60℃的水中，保持 30～60 分钟。

3. 匀浆榨汁 将桑椹放入匀浆机中进行破碎，尽可能使其完全破碎，然后加热果浆至 40℃左右，缓慢搅拌，加入 0.1％～

0.4%的果胶酶进行处理3～5小时，再进行榨汁，可通过将果渣温水处理的方式进行重复榨汁，然后将汁液混合。

4. 溶解均质　加入2～3倍体积的水进行充分溶解，静置放置0.5～1小时。

5. 过滤浓缩　将上述溶解液用四层纱布进行过滤，收集滤液，进行浓缩，蒸掉40%～60%的水。

6. 喷雾干燥　进口温度90～105℃，出口温度175～185℃，进而得到桑椹粉末。

三、桑椹酱的加工

桑椹酱就是把桑椹进行预处理后加热浓缩得到的凝胶状酱体。

（一）桑椹酱的加工流程

原料→除杂→预煮→打浆→浓缩→装罐→封口→灭菌→冷却→成品

（二）操作要点

1. 原料　采集淡红色或紫红色的桑椹，除去椹梗，在水中清洗一次。

2. 软化　根据桑椹量加10%～20%的清水，于夹层锅内，预煮10～15分钟。

3. 打浆　手工捣碎或打浆机打浆，使桑椹完全破碎。

4. 煮沸浓缩　破碎的桑椹呈粥状，桑椹与砂糖按1:0.5～0.7投入锅内煮沸。开始时使火力稍强一些，以后慢慢减弱，用文火长时间煮沸。同时，不断地用木匙搅拌，当果汁变得黏稠，可溶性固形物达55%～65%，停止煮沸即可出锅。

5. 装罐　铁罐要用耐酸涂料铁，事先进行消毒。装罐时，桑椹酱温度要求85℃以上，随后封口、灭菌。

第四章　桑白皮的利用

桑白皮为桑科植物桑的根皮，具有祛风清热、凉血明目的功效，主治风温发热、头痛、目赤、口渴、肺热咳嗽、风痹等。《本草经疏》记载，"桑白皮味苦、甘、寒，甘所以益血，寒所以凉血，甘寒相合，故下气而益阴，又能明目而止渴，有补益之功"。现代医学研究表明桑白皮总黄酮对糖尿病模型大鼠有降血糖作用，且能较好地控制由糖尿病带来的并发症等，认为其降血糖作用途径可能为桑白皮总黄酮对小肠刷状膜上双糖酶活性的抑制作用，减缓小肠对碳水化合物的消化和吸收，使外周血糖变化趋于稳定。

第一节　桑白皮活性成分提取技术

一、桑白皮总黄酮的制备

桑白皮是桑科植物桑的干燥根皮，具有泻肺平喘、利水消肿之功效，民间常用于消炎、利尿、解热、镇咳祛痰等。有研究表明，桑白皮中含较多的黄酮类化合物。而黄酮类化合物对治疗冠心病、老年性痴呆、脑血栓、神经系统疾病和消除自由基、抑菌、抗癌等方面有显著效果，无副作用，并以此开发出多种药品和保健食品。但是，目前国内外对桑白皮黄酮类化合物的研究还相当缺乏。因此，如何高效地和安全地对桑白皮黄酮类化合物进行提取，也越来越受到国内外学者的重视。常用的总黄酮提取方法有水煎煮法、热回流提取法、超声波辅助提取法等。但是水煎煮法和热回流提取法提取时间很长，一般3～5小时，超声波辅助提取相对时间较短，但也需要 20～80 分钟；而超声波协同微波提取作为一种优良的提取方法，具有操作简便快捷、提取时间短以及提取率高等特点，目前已广泛应用在生物活性物质的提取方面，如桑叶总黄酮、油茶壳总黄酮等，而应用于桑白皮总黄酮提取方面至今未见报道。大孔吸附树脂是一类不溶于酸、碱及各种有机溶剂且有较好吸附性能的有机高聚物吸附剂，近年来被广泛应用于医药、环保和食品等领域，在中草药研究方面也较广泛，尤其在黄酮类成分中，如红树毒总黄酮、银杏叶总黄酮和杭白菊总黄酮等及其他各类成分均有采用大孔吸附树脂法进行分离纯化的研究。但是，应用于桑白皮总黄酮分离纯化方面至今也未见报道。

提取方法如下。

（1）将干燥的桑白皮粉碎过 40 目筛，采用超声波协同微波提取，体积分数 80％的乙醇为提取剂，提取剂的体积与桑白皮原料质量之比 12 毫升/克，超声波频率 40 万赫兹，超声波功率 50 瓦，微波功率 290 瓦，提取时间 155 秒，得提取液。将提取液在真空度 0.09 兆帕，温度 55℃条件下浓缩至初始体积的 30％为止，得浓缩液。

（2）将浓缩液在冷冻干燥器真空度小于 20 帕、冷却温度－60℃条件下干燥殆尽，得桑白皮总黄酮粗品。

（3）取粗品溶解于水溶液，调整得到 pH 5.5 和总黄酮质量浓度 2.5 毫克/毫升的上样液，然后以 2.2 倍量/小时的流速，采用 AB-8 型大孔吸附树脂吸附，随后以体积分数 75％的乙醇为洗脱剂进行洗脱，洗脱剂流速 1.2 倍量/小时，洗脱剂用量 4.0 倍量，得洗脱液。

（4）将洗脱液在真空度 0.09 兆帕，温度 55℃条件下浓缩至初始体积的 30％为止，得浓缩液。

（5）将浓缩液在冷冻干燥机真空度小于 20 帕、冷却温度－60℃条件下干燥殆尽，得桑白皮总黄酮产品，经检验桑白皮总黄酮产品纯度大于 48.25％。

二、桑皮苷 A 的制备

桑白皮为桑科植物桑的干燥根皮。传统医学认为桑白皮性味甘、寒、归肺经，具有泻肺平喘，利水消肿的作用。常用于治疗肺热喘咳、水肿胀满尿少、面目肌肤浮肿。现代医学研究表明，桑白皮中含有香豆素、多酚、糖类、挥发油等。其中桑皮苷 A 为桑白皮中镇咳平喘的主要成分。

桑皮苷 A（Mulberroside A）为多羟基芪类化合物，分子式 $C_{26}H_{32}O_{14}$，分子量 568，具有解除气管平滑肌痉挛、抗哮喘和支气管炎、消炎抗菌等作用。

现有从桑白皮中提取桑皮苷 A 的方法，多采用硅胶柱层析。如舒树苗等采用方法是：桑白皮药材 10 千克，70％乙醇浸泡，渗流，收集渗流液，减压浓缩至无醇味，即得桑白皮提取液。将桑白皮提取液用 3 倍量水提取，浓缩，以等体积正丁醇萃取 3 次。将正丁醇提取物以硅胶柱干柱色谱分离，氯仿—甲醇（6∶4～9∶1）梯度洗脱，根据薄层色谱检查，将含有桑皮苷 A 流分合并浓缩至干，用水溶解后上样于反相硅胶柱，用甲醇—水（10∶90～40∶60）梯度洗脱，以 HPLC 法检查，合并含桑皮苷 A 的流分，得粗品 750 毫克。粗品用甲醇溶解，经 SepHadex LH-20 分离，甲醇洗脱纯化。这些方法操作繁琐，工艺复杂，制备量较小，制备周期长，很难实现工业化。

桑白皮粉碎，取 20 千克加 8 倍量 60％乙醇溶液回流提取 1 小时，提取 2 次，提取液减压回收乙醇，用磷酸二氢钠调节 pH 为 4 放置沉淀，过滤得浓缩液，加入截留分子量 3 000 的中空纤维素超滤膜超滤，透过滤液加入 LSA-7 大孔树脂吸附，取 5 倍量 60％乙醇溶液洗脱，收集洗脱液减压浓缩，浓缩液用磷酸二氢钠调节 pH 至 4.5，滤过加乙酸乙酯萃取 3 次，得萃取液，萃取液回收试剂，加 2 508 颗粒活性炭干燥，装入活性炭柱，10 倍量 70％乙醇洗脱杂质，再取95％乙醇洗脱，薄层检测，收集目标成分浓缩，低温干燥，得白色粉末桑皮苷A6克，含量94.3％。

三、桑皮果胶提取技术

桑皮中含较多的果胶，通过碱煮得到大量果胶的溶液。因此，可利用桑皮加工人造棉、人造丝、纸浆的碱煮废水，提取桑皮中的果胶，过程大致如下。

1. 过滤 煮过的桑皮的废碱液从锅中取出，趁热过滤，除去残渣。

2. 酸化 把过滤后的滤液冷却，加入适量的浓硫酸，边加边搅，直到溶液中有沉淀产生时停止。静置1～2天，使果胶完全沉淀。

3. 再沉淀 沉淀出的果胶溶液，分离上层清液，下层黏胶状液体用95％的酒精进一步洗涤沉淀，得到的混合液经升膜式蒸发器浓缩，回收酒精，去除水分等，得到粗果胶。

4. 干燥 果胶液经低温真空干燥，得到成品。果胶是一种用途广泛的食品添加剂，同时还是医药工业的原料之一。果胶作为食品添加剂通常用于果冻、果酱、冷饮等食品加工业，起凝胶、增稠作用。目前，国内已有用苹果、柑橘及柚子皮等为原料抽提果胶工艺。利用蚕沙为原料提取果胶及系列产品的研究已获成功。

第二节 桑白皮其他加工技术

一、桑白皮保健茶的加工

目前市场上销售的各种各样的保健茶很多，如各种各样的绿茶、有机花茶等，它们只起到清热、提神、助消化的作用，功能单一，对人体的保健作用效果不明显。针对上述不足之处，蓝子花选用桑白皮、萱草根进行组合，将这些药物组合使得各药物的功效产生协同的作用，从而能够实现保健作用。其中选用桑白皮：性味；甘，寒，入肺、脾经；具有泻肺平喘、行水消肿。选用萱草根：性味；甘，凉，入肺、脾经；具有利水、凉血。经过药理试验证实，此桑皮保健茶具有利水消肿、泻肺平喘、清热凉血的效果。

加工方法如下。

桑白皮保健茶主要由以下药物组成，其含组分的重量比份为：由桑白皮 10 份、萱草根 6 份。

制备方法如下。

（1）将上述的桑白皮、萱草根分别单一碾成粉末，颗粒度控制在 90～110 目，将各单一碾碎后的粉末按比例混合一起拌均匀。

（2）然后将所述的混合物粉末置于在封闭容器中，通以蒸汽 100～140 分钟，控制蒸汽压力在 950～1 200 千帕，温度控制在 90～120℃，用低温真空干燥法将所有的混合物粉末干燥。

（3）将处理后的混合物按计量 5 克装入小过滤袋中，用纸制或其他材料制成外包装袋，通过真空后密封即得成品。

二、桑皮制人造棉技术

桑皮的利用主要在于桑皮纤维的利用，桑皮纤维占桑皮的60%，此外，还含有木质素和半纤维素等。桑皮纤维强度大，伸度好，是制造人造棉、人造丝、纸张的好材料。

剥制并晒好的桑皮，经化学处理可制造人造棉。方法是将桑皮中的木制素、果胶及其他杂质去掉，提取其中的有用纤维，经机械梳弹而成。其工流程如下：

桑皮→选料→浸料→碱煮→皂化→浸酸→漂白→脱氧→软化→梳弹→成品。

1. 选料　把桑皮中的桑秆、杂草以及虫蛀发霉的坏桑皮剔除，好皮按老桑皮分开，切成长 17 厘米左右的小段，按头、中、尾分别堆放。

选料的目的是为了使同一批浸料的原料含胶程度相同，便于浸料和碱煮，以提高人造棉的质量。

2. 浸料 选好的桑皮利用清水或废碱水浸泡脱胶，同时纤维得以膨胀，可提高碱煮时碱水的渗透性。浸料这一关搞得好，可节省纯碱用量，缩短烧煮时间，降低人造棉生产成本。

浸料地点可选河湾、水池，浸泡时间为 7～12 天。待手摸桑皮，皮层表面薄壳能顺手除去皮里发滑且横撕成网状时起料。起料后要轻轻敲打、清洗。

3. 碱煮 碱煮就是化学脱胶，以弥补人工脱胶的不足。

按每 50 千克桑皮加 750 千克清水，2～3 千克纯碱的比例配料。先把清水加入池内，投入纯碱升温至溶解，当水至沸时，投入桑皮，加热使之沸腾。每 10～15 分钟翻动一次，1 小时后慢慢升温。随时抽查脱胶程度，当手搓成烟丝状，颜色黄绿时可起料在流水中漂流。

4. 皂化 如果煮料脱胶是脱胶干净，可不必皂化。若碱煮之前因浸料不透、不匀、老嫩混杂或碱煮时造成夹生现象时，可在碱煮后再进行一次补充脱胶——皂化。

皂化按每 50 千克桑皮加 500 千克清水、3 千克纯碱、1 千克丝光皂的比例配料，具体操作过程同碱煮。

5. 浸酸 脱胶后的原料在稀酸溶液里浸渍，以中和掉纤维中残存的碱，达到保护纤维的目的。浸酸对纤维脱色也有一定的作用。

每 50 千克桑皮约需清水 500 千克，硫酸 0.25～0.5 千克。

6. 漂白 浸酸后的桑皮纤维不用漂洗，绞干即可进行漂白。配料为每 50 千克加澄清水 500 千克，漂白粉 5 千克。

漂白时，先将漂白粉加入少量清水，搅拌成浆糊状，再放入部分清水充分搅拌，使其成为澄清的漂白液，含有效氯达 0.3%。漂白液从缸中提出，置另一池内搅匀，投入桑皮纤维，翻动，约经 1～2 小时，全部变成白色纤维后，用清水彻底漂洗脱氯。

7. 软化 脱氯后的桑皮纤维吸入一定量的油分后，即可变得松软，便于弹成柔软而有弹性的人造棉，同时可以提高梳弹的出棉率。

软化的方法是：每 50 千克桑皮加 50 千克水，加热至 50～60℃，先将太古油倒入锅内并搅拌使其溶化，然后将压干的桑皮抖松投入，翻动 2～3 次。约 3 小时左右，达到软化目的。

8. 梳弹　软化之纤维晒至半小时，用木板轻轻敲打。干燥后的桑皮纤维就是人造棉的半成品，用动力钢丝梳弹 3～4 次，就成为人造棉花，可进一步抽丝、纺线、织布。

三、桑皮纸浆的制取

桑皮是造纸工业和人造纤维的上好原料。我国古代劳动人民就用桑皮制造桑皮纸和绵纸。桑皮纸质地柔韧，是传统的包装纸和雨伞纸；绵纸轻薄耐拉，至今还用于养蚕收蚁及扎制风筝。随着造纸工业的发展，将桑皮经过蒸煮、洗涤、漂白、打浆、筛选、抄纸等工序，可制成宣纸、擦镜纸、滤纸、卷烟纸、打字蜡纸等多种高级纸。有些纸已出口十几个国家。例如河北省迁安县国画纸厂、华丰纸厂两家，1983 年即供北京图书馆宣纸 70 吨印刷《永乐大典》，每册出口价 300 元，国内销售价 200 元。这两家纸厂全年共生产各种桑皮纸 450 吨，产值 200 多万元，盈利 25 万元。其中出口日本画纸 80 吨，价值人民币 80 万元。

利用桑皮加工制造高级纸张用的纸浆，其方法大致与人造棉的制法相同，具体加工程序如下。

浸料→水洗→碱煮→再水洗→浸酸→漂白→打浆→制板→晒干→成品纸张。

桑皮用于制造纸浆时，造料不必像制造人造棉那样细致，碱煮、浸酸时的配料与制人造棉完全相同，无非是碱煮时间适当延长，碱煮后用水洗净，彻底除去杂质。

在漂白时，每 50 千克桑皮用漂白粉 7.5 千克，漂白后的料打成细软的浆即可。

四、桑皮制造人造丝

桑皮制造人造丝是从以上所述的纸浆开始的，其操作如下。

1. 碱化 桑皮制得纸浆后，加入碱，使纤维素中单体葡萄糖的部分羟基与氢氧化钠缔合，生产碱化纤维，反应式如下所示。

(1) $C_6H_7O_2(OH)_3 + NaOH \rightarrow C_6H_7O_2(OH)_2ONa + H_2O$

(2) $C_6H_7O_2(OH)_3 + NaOH \rightarrow C_6H_7O_2(OH)_2OH \cdot NaOH$

碱化条件：碱溶液浓度为 $21\% \sim 22\%$，浴比为 $1 : 8 \sim 10$，温度为 $20 \sim 22℃$，时间为 45 分钟。

2. 撒碎与老化 撒碎是在撒碎机中进行，目的在于将碱纤维撒碎、疏松，以便老化。老化是在老化罐中进行，温度一般控制在 $22℃$，时间 $30 \sim 40$ 小时，目的是使纤维的结构趋于一致，聚合度下降到 $450 \sim 550$，同时使留存在纤维素中的碱液均匀地渗润到纤维素分子中去。

3. 磺酸化 桑皮纤维的磺酸化是与二氧化碳反应，生成可溶于碱液而呈黏胶状的纤维素磺酸酯钠。其磺酸化条件是：温度 $20 \sim 22℃$，时间 2 小时，二硫化碳用量为纤维素的 $35\% \sim 37\%$。磺酸化后的纤维素磺酸酯钠，能溶于稀碱或水中，变成很黏的液体，溶解时应维持温度 $17℃$。

4. 黏胶液的熟成 通过皂化和水解来完成这一过程，使黏液发生理化反应，形成具有一定黏度和熟度的纤维。

熟成时，保持温度 $15 \sim 18℃$，约需 35 小时。

5. 纺丝 熟成后的黏胶液经纺丝泵和纺织机的喷头抽丝。喷丝头至酸浴中，喷出的黏胶液遇酸分解，纤维素再生。酸浴的组成如下。

H_2SO_4 $120 \sim 140$ 克/升，Na_2SO_4 $220 \sim 240$ 克/升，$ZnSO_4$ $15 \sim 20$ 克/升。

6. 后处理 得到的黏胶丝经洗涤后，再用氢氧化钠处理，脱硫，然后洗涤，干燥，即为成品。

第五章　蚕沙资源综合利用技术

第一节　蚕沙制备燃料炭

蚕沙在桑蚕产区大量仍随处堆放。随着我国种桑养蚕业的不断发展及规模扩大，蚕沙不经处理直接随处堆放，与其他生活垃圾一样成为新的污染源，已经成为各种蚕病病原扩散与蔓延的主要根源及环境污染的最大因素之一，成为了阻碍蚕桑生产稳产高产优质可持续发展的最大瓶颈问题之一。蚕沙的主要成分是碳水化合物、粗纤维，将其加工成型的蚕沙燃料炭，属于废弃物加工转化的可再生优质生物质能源，可以替代煤炭等矿物能源燃料。

一、用途及意义

蚕沙燃料炭广泛应用于工农业生产和生活领域，用作家庭生活燃料，也可用于给热和发电等能源，蚕沙燃料炭燃烧后的炭灰还可用作肥料，这样既增加农民收入，改善其生活环境，又解决了蚕沙环境污染题，还开发了新能源，达到了社会效益、经济效益、能源效益和环境效益等综合效益多赢的效果，是解决当今蚕桑产业废弃物浪费、环境污染以及杜绝残病原菌扩散的重要手段之一。

采用本方法制备蚕沙燃料炭操作方便、生产效率高、成型体积小、堆放空间小、卫生清洁，是发展循环经济的好方法，不但能增加蚕农经济收入，还能减少蚕沙的环境污染，杜绝蚕病病原扩散与蔓延，极大减少蚕病发生危害。按我国年养桑蚕 200 万张，产茧 70 万吨，每年蚕沙产出约 600 万吨，按照现项目处理

80％计算，就可处理蚕沙480万吨，可得蚕沙燃料炭产品370万吨，直接增加蚕农2.88亿元人民币收入，工业收益14亿元人民币以上。

二、制备方法与工艺路线

蚕沙燃料炭的制造方法，是将燃料炭原料按蚕沙95份，除臭剂石灰粉2份，助燃剂煤粉1份的重量份数称料，投入混合机中搅拌混合均匀，然后经输送机送入压辊式环模型压块成型机中控制压力为120兆帕，温度为95℃进行连续式挤压成中间有圆孔的圆形柱体，脱模后自然冷却，最后包装即得到蚕沙燃料炭产品（图5-1）。本产品技术指标为：密度为1.2克/厘米^3，热值为208 664.7千焦/千克，灰分为4.0％，水分为10％。

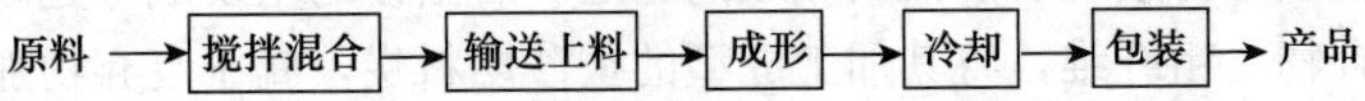

原料 → 搅拌混合 → 输送上料 → 成形 → 冷却 → 包装 → 产品

图5-1 蚕沙燃料炭制备工艺路线

第二节 蚕沙制备叶绿素及其衍生物

我国每年大约可产100多万吨蚕沙，有很多只是简单地作为肥料或者动物饲料来使用。如果对蚕沙中的叶绿素进行提取并对所提取的叶绿素进一步的衍生化，可以得到价格不菲的叶绿素产品，进一步提高蚕沙的经济价值。

游离的叶绿素不稳定，且难溶于水，不便使用，将叶绿素制成叶绿素铜钠则可溶于水，稳定性也大大提高。叶绿素铜钠盐是联合国粮农组织（FAO）、世界卫生组织（WHO）和我国食品添加剂标准委员会批准使用的一种天然食用色素，可用于汽水、糖果、果味粉、果子露、配制酒、罐头、糕点、红绿丝等食品的着色，也可用于牙膏的着色等。叶绿素铜钠是以叶绿素为底物，在酸性条件下将基本骨架——叶琳环的中心原子镁置换成铜，再将此化合物转化成钠盐，便得到了天然保健色素——叶绿素铜钠盐。

叶绿素铜钠盐的制备方法如下。

根据蚕沙中叶绿素的提取方法可分为有机溶剂法、氢氧化钠溶液加热提取法。目前一般的工艺方法是有机溶剂提取法，此法易实施，操作简单，对设备要求不高；但有机溶剂提取法速度慢，耗时长，得到的提取液纯度不高，后期提取液处理过程有机溶剂耗量大，不利于工业化生产。微波辐射预处理物料提取叶绿素法对构成蚕沙的细胞组织辐射后，细胞组织被均匀破坏，大大地减少叶绿素渗透细胞溶解到有机溶剂的阻力，这样叶绿素的提取速度和提取率将会大大提高。整个提取时间将明显缩短，有机溶剂用量较传统方法大大减少，叶绿素的产量也可以提高很多。所以，新的叶绿素提取方法可以明显地改善叶绿素的提取工艺，将有利于工业化生产，将加快蚕沙资源的开发利用速度。

（一）工艺流程（图 5-2）

（1）首先取 100 克蚕沙将其碾碎，加入 60% 的乙醇溶液 50 毫升作为细胞破壁助剂，搅拌均匀，软化 5 分钟，把蚕沙铺成薄层，放进微波炉器辐射 70 秒。

（2）将微波处理过的物料加入 95% 乙醇 800 毫升，在 335 开的温度下浸取 45 分钟，然后过滤分离。

（3）将分离的滤液在减压下沸腾浓缩至 300 毫升，回收乙醇，将浓缩液加入物料质量为 6 克的 NaOH 中，在 350 开温度下皂化 45 分钟，然后将其萃取分离。

（4）将萃取分离的下层滤液加入 5 摩尔/升的 HCl，调节 pH 至 2.6，在 355 开的温度下，加入 10%CuSO$_4$ 的溶液 10 毫升，等待 40 分钟，然后过滤洗涤，将得到的叶绿铜酸固体溶解于 80 毫升丙酮当中，向溶液滴加 5% 的氢氧化钠—乙醇溶液 20 毫升，再 293 开温度下反应 60 分钟，便得到叶绿酸铜钠盐产品，过滤溶液，将得到的产品洗涤即可。

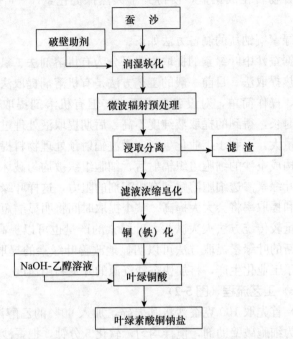

图 5-2　微波辅助提取蚕沙叶绿素制备叶绿素铜钠盐的工艺

（二）叶绿素铜钠盐的应用

　　叶绿素铜钠盐和叶绿素相比不仅稳定性增强，又有较好的水溶性，便于使用。此外，叶绿素铜钠盐以其本身特有的结构特点和衍生物中所螯合的营养元素，在对需要着色和改善或保持天然绿色的食品着色，以及提高食品本身使用价值上具有得天独厚的优势，可广泛地用作食品、化妆品的着色剂、脱臭剂等；在医药上可用来治疗传染性肝炎、胃及十二指肠溃疡、慢性肾炎及急性胰腺炎，它还能增进造血机能及促进放射线损害机体的康复，外科上用于治疗灼伤、痔疮及子宫疾患等。不仅如此，叶绿素铜钠盐已成为国际上抗基因毒类的热门药物，被广泛应用于医药上。

第三节　利用蚕沙制备饲料和肥料

一、利用蚕沙生产羊用补饲精料

蚕沙中含有丰富的可饲用蛋白质等营养物质，如蛋白质、纤维素等牛羊所需的营养物质。通过检测发现蚕沙中的常规营养成分含量为：粗蛋白 13.03％、粗脂肪 1.94％、粗纤维 18.34％、无氮浸出物 47.95％、钙 2.97％、磷 0.25％。可见蚕沙中粗蛋白含量高于谷物籽实类饲料，与糠鼓类饲料接近，且钙含量很高。

加工方法如下。

含有蚕沙的羊用补饲精料，包括以下原料和风干基础的重量配方。

（1）蚕沙 75.00 份，磷 0.15 份，啤酒酵母 0.75 份。

（2）玉米 12.5 份，米糠 4.25 份，麦鼓 6.25 份，菜籽饼 1.25 份。

生产工艺同于现有配合精料的生产工艺：先把蚕沙、磷酸二氢钾或磷酸氢二钾、啤酒酵母混合均匀后，再加入玉米、米糠、麦鼓、菜籽饼混合均匀制得含有蚕沙的羊用补饲精料。

上述配方中，其中磷的重量份是指磷酸二氢钾或磷酸氢二钾中磷元素在该化合中的重量在配方中的比例。

二、利用蚕沙发酵生产有机肥

长期以来蚕沙一般直接用作农田肥料或被丢弃。鲜蚕沙因带有一定的病原菌，作肥料或被丢弃均会对桑蚕生产环境造成严重污染，甚至导致蚕病暴发，蚕沙已成为蚕区主要面源污染物之一。因此，解决蚕沙污染问题已成当务之急。另外，蚕沙可作为一种弱碱性肥料，用来调节土壤酸度。若能将蚕沙发酵制成有机肥，不仅可缓减因大量废弃蚕沙对环境造成的污染，拓宽有机肥的原料渠道，而且可以调节土壤酸度，提高土壤肥力，具有良好的经济、生态和社会效益。

（一）加工方法

（1）取混合蚕沙或提取完叶绿素后的废弃蚕沙 100 份，加入 0.2 份微生物菌，混合搅拌均匀，调节含水率为 55%，C/N 比为 28 左右，进行堆积发酵。

（2）发酵过程实行翻堆通气，待温度升至 60℃ 后翻堆，每隔 24 小时翻动一次。

（3）当堆体温度降至环境温度时，发酵基本完成，总共需时 12～16 天。

（4）再进行干燥、造粒、过筛得到颗粒状的设施栽培专用的有机肥，包装成品。

（二）应用实例

（1）在设施葡萄中，使用蚕沙发酵机肥 300 千克/亩，作基肥用，可比常规施菜饼处理葡萄品质明显改善、单果重显著增加，但肥料成本只有后者的 53%，并起到改良土壤作用。

（2）用上述方法制得的有机肥用于大棚茄子，每亩施蚕沙有机肥 500 千克，移栽前施入，可明显提高茄子产量和品质，鲜茄子增产 15%～20%，口感明显改善。

三、以蚕沙为有机原料制备有机无机复混肥

由于农业生产中大量不合理施用无机化肥，有机肥进入农田的养分占农田养分投入的比例不断降低，土壤质量逐渐退化。因此，从农业发展趋势看，研制和开发集常规的无机肥和传统的有机肥两者优点于一身的新型有机无机复混肥，在我国实现农业可持续发展中具有重要的战略地位。蚕沙是蚕排出的粪便和食剩的残桑以及蚕座中的垫料统称，是一种极具开发价值的资源。

（一）制备方法

（1）蚕沙发酵处理　蚕沙 100 份与 0.2 份微生物菌混合，搅拌均匀后进行堆肥发酵。发酵初始调节含水率为 55％，C/N 比为 25 左右。实行翻堆通气，待温度升至 60℃后翻堆，每隔 24 小时翻动一次。当堆体温度降至环境温度时，发酵基本完成。总共需时 12～16 天，待用。

（2）复混肥其他原料的选择、配制和造粒　将 15％尿素、5％磷酸二氢钾和 80％发酵好的蚕沙混匀（此配方含 N 约 9％、含 P_2O_5 约 4％、含 K_2O 约 5％、含有机质约 55％），在造粒机上进行造粒，得到颗粒蚕沙有机无机复混肥。

（3）过筛包装　将上述所得到的颗粒蚕沙有机无机复混肥进行过筛，筛去过细的粉末，然后进行计量包装。

（二）应用实例

（1）用制得的蚕沙有机无机复混肥 200 千克/亩，作基肥或追肥施于水稻和玉米等粮食作物中，可比用等养分的无机肥粮食增产 15％以上。

（2）用制得的蚕沙有机无机复混肥 300 千克/亩，作基肥或追肥施于蔬菜中，可使蔬菜增产，并能有效地改良土壤，提高土壤质量。

第四节　蚕沙制备保健枕头

蚕沙具有一定的药用功效，据《本草纲目》记载，蚕沙具有祛风除湿、和胃化浊、明目降压的功效，对眼疾、结膜炎、心慌、神经衰弱、失眠、偏头痛、高血压、肝火旺等症状有辅助治疗作用。蚕沙可以用来制作蚕沙枕头。蚕沙枕头已经是大家公认的养生保健枕头，但是，现有技术中一般的蚕沙枕头都是采用织布包裹蚕沙而制成，能够与人体接触（透过织布）的蚕沙只占了其中的 10％左右，造成蚕沙的大量浪费，而且一般的蚕沙枕头由于处于常温下，其药用效果不是很明显。

一、工作原理

一种具有按摩功能的蚕沙枕头，包括一个本体，所述的本体外包裹有一个枕套。其特征在于，所述的本体包括上板和下板，上板和下板相固连形成一个密封的按摩腔，上板呈曲面，本体与枕套之间填充有蚕沙，按摩腔内填充有流体，上板上设置有若干个能够在本体内流体受到挤压时向本体外部凸起的变形部位。

该实用新型的工作原理是：填充在按摩本体与枕套之间的蚕沙内还掺和有少量的干燥粉，由于蚕沙对人体具有清凉和降血压等功效，经常使用本枕头能够提高睡眠质量和保持健康；在本体内的按摩腔内填充有流体，这种流体可以是水，本体上设置有当本体受到挤压时能够向本体外部凸起的变形部位，当人枕在该枕头上时，变形部位凸起对人体起到按摩作用，从而使本枕头从生理和药理两个方面对人体产生养生效果。

二、具体制作方法

以下是保健枕头的具体实施例，如图 5-3 所示，一种具有按摩功能的蚕沙枕头，包括一个本体 1，本体 1 外包裹有一个枕套 2。本体 1 包括上板 11 和下板 12，上板 11 和下板 12 相固连形成一个密封的按摩腔 3，上板 11 呈曲面，本体 1 与枕套 2 之间填充有蚕沙 4，按摩腔 3 内填充有流体 5，上板 11 上设置有若干个能够在本体 1 内流体 5 受到挤压时向本体 1 外部凸起的变形部位 6，变形部位 6 为乳胶材质制成，且变形部位 6 与本体 1 固连且将按摩腔 3 密封，胶囊易于变形。在本体 1 受到挤压时，流体 5 挤压变形部位 6，使变形部位 6 向本体 1 外部凸起，对人体起到按摩作用，由于该变形部位 6 是通过人体挤压而形成凸起的，不是通过机械结构来实现按摩的（如电机驱动等），非常舒适，不会影响人的睡眠。

按摩腔 3 内设置有加热丝 7，蚕沙 4 在高于 40℃时，其药用效果更佳，不但能够对人体起到保暖的作用，而且还能增强蚕沙 4 的药用效果。本体 1 为塑料材质制成，本体 1 内设置有一个抵靠板 8，为了维持本枕头的基本形状，从保证人体睡眠时头部与颈部的舒适度。在本体 1 内设置有一个抵靠板 8，上板 11 与抵靠板 8 贴紧时，将不再变形，该结构也能保证变形部位 6 不会因为受力过大而破裂。抵靠板 8 上均匀设置有若干个通孔 9，通孔 9 用于流体 5 在本体 1 内的流通，变形部位 6 呈条状且均匀分布在上板 11 上，呈条状的变形部位 6 将蚕沙 4 分隔成条状，从而保证蚕沙 4 不会全部掉入到本体 1 的下端。

三、图示说明

图 5-3 中 A 是该蚕沙枕头的立体结构示意图；图 5-3 中 B 是该蚕沙枕头在未受到挤压时的结构示意图；图 5-3 中 C 是该蚕沙枕头在受到挤压时的结构示意图；图 5-3 中 D 是该蚕沙枕头中抵靠板的结构示意图。

图 5-3 中，1 为本体；11 为上板；12 为下板；2 为枕套；3 为按摩腔；4 为蚕沙；5 为流体；6 为变形部位；7 为加热丝；8 为抵靠板；9 为通孔。

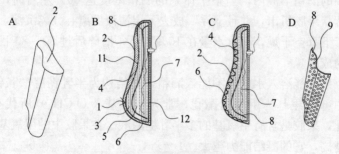

图 5-3　蚕沙枕头结构图

第五节　蚕粪提取果胶、叶蛋白系列产品

一、果胶的提取技术

果胶是一种食品添加剂，同时又可作为医药原料，1925 年从植物中发现，至今已有几十年的生产历史了。我国果胶生产厂家很少，且大都以苹果、柑橘及柚子等果皮为原料，不能满足市场需要。山东益都桑蚕育种场以生产蚕粪为原料，年果胶产量在6 吨左右。

从蚕粪中可直接提取果胶，但为了便于蚕粪的综合利用，通常选用提取了叶绿素后的残渣做原料。

果胶的提取是以草酸盐的水溶液为萃取剂，提取蚕粪中含量为 15％左右的果胶成分，经沉淀、洗涤脱色后制得。生产工艺流程如下。

蚕粪残渣→清洗→提胶→过滤→浓缩→沉淀→洗涤→真空干燥→均质→成品。

先将抽提叶绿素后的残渣浸入草酸盐溶液中，浴比为1：20，pH 控制在 2 左右，在 85℃下，搅拌浸提 1 小时后过滤。滤液减压浓缩得到浓缩液，利用果胶不融入酒精的特性，将浓缩液置 95％的酒精溶液内，当整个体系的酒精浓度达 60％左右时，即有絮状果胶析出，并且上浮，放去下层清液后离心分离沉淀，在 60℃下真空干燥，至含水量在 10％以下，磨碎后过 60～80 目筛即为成品。

果胶能溶入水，但不能入酒精，其结构为半乳糖醛酸长链，其中部分羧基为甲醛所酯化，常为甲氧基（-O-CH$_3$）所代替。因此，果胶是含有甲氧基的多半乳糖醛酸。在果胶中的甲氧基含量越高，它的凝结能力越大。

果胶的主要用途是作为食品添加剂，广泛用于果冻、果酱、冷饮等食品加工业，起到胶凝、增稠等作用，还可以用于防止糕

点硬化和提高干酪的品质。在药用方面，可以降低血液的胆固醇或作职业病的解毒剂。

二、叶蛋白提取技术

脱绿后的蚕粪除提取果胶外，还可提取叶蛋白作饲料。蚕粪中的植物蛋白分为叶肉蛋白（溶于稀碱）及叶绿蛋白（溶于60%的乙醇）。由于桑叶的蛋白质包裹在叶肉细胞内，不易溶出，所以蚕粪中仍含有相当丰富的蛋白质。

（一）蚕粪提取叶蛋白方法

1. 粉碎　脱绿后的蚕粪，经机械碾磨粉碎，使蚕粪中桑叶细胞及细胞内含物的结构破坏，以便抽提叶蛋白，常用的粉碎机械有打浆机、球磨机等。

2. 抽提　粉碎后的蚕粪粉末（或浆液）与碱按 1∶5 的体积比，加入 0.5%～0.75% 的纯碱（或 0.25%～0.50% 的氢氧化钠）在 60℃ 温度下抽提 4 小时左右。

3. 沉淀　抽提液过滤，滤液备用。滤渣加 1.0% 左右的纯碱继续抽提约 2 小时，过滤，滤液与第一次滤液合并得到水解抽提液，将其用 1∶1 的盐酸调整 pH 达到 4.0～4.2 时，可见有大量沉淀析出，即为叶蛋白，静置，除去上清液，下层沉淀经离心（或过滤）得到叶蛋白，叶蛋白经水洗除盐，置 80℃ 下烘干，粉碎即为成品。如果单纯作为饲料用，可不必水洗除盐。

（二）用途

叶蛋白可作为饲料添加剂代替鱼粉、豆饼等，广泛作为牲畜的精饲料被应用。目前，正在开发其新的用途。

第六章 蚕蛹综合利用技术

第一节 蚕蛹饲料加工

蚕蛹是缫丝业的副产品，其蛋白质、氨基酸含量较高，是饲用价值较高的蛋白饲料资源。据测定，蚕蛹中蛋白质占 66.85%，氨基酸含量为：赖氨酸 3.03%、色氨酸 0.68%、蛋氨酸 1.6%、胱氨酸 3.31%，除精氨酸、苯丙氨酸和异亮氨酸的含量低于鱼粉外，其他都与鱼粉相当，而蚕蛹的价格只是鱼粉的60%。蚕蛹含脂肪 2.14%、碳水化合物 7.8%、灰分 2.8%、水分 6.3%，不饱和脂肪酸含量丰富。以蚕蛹饲养皮毛动物可以显著提高毛绒产量和品质。

一、蚕蛹中甲壳的去除

蚕蛹含甲壳 4%～6%，不易消化。此外，蚕蛹易氧化变质，加之氨基酸不平衡，缺乏维生素，影响它的生物学价值。因此，使用蚕蛹作饲料必须进行加工处理，与其他蛋白饲料合理配合。其加工处理方法如下。

（一）煮沸清洗法

将蚕蛹晒干过筛，除去粉末、泥沙，用粉碎机粉碎。按蚕蛹粉与水的重量比例 1∶4 加水，下锅蒸煮 20 分钟后，撇去泡沫和浮油。将煮沸的蚕蛹粉装入布袋，在流水中反复揉挤清洗，直至无浮油和泡沫为止。

（二）纯碱液处理法

配制 2% 纯碱溶液备用。将粉碎的蚕蛹投入陶瓷缸内，加适量水泡胀。将纯碱液倒入缸中，加入少量明矾拌匀，静置 24 小时。用倾倒法弃去上层悬浮液，沉淀物留在缸中，加适量水和明矾，再搅拌，静置，沉淀。当 pH 为 6 且上清液清亮时，表明缸中的蚕蛹已完成脱脂。取出晒干或风干，即得脱脂无臭味蚕蛹粉。

（三）烧碱处理法

配制 1.5％烧碱液备用。将经风干或烘干的蚕蛹倒入 1.5％烧碱液中浸泡 12 小时，以脱脂、除臭，然后烘干，经粉碎机粉碎即为成品。试验证明，蚕蛹粉添喂畜禽的比例为：喂反刍动物如牛、羊占饲料总量的 10％～12％，喂鸡、鸭、鹅占 5％～7％，喂猪占 5％，喂鹌鹑占 5％。由于蚕蛹粉价格比其他动物蛋白质（如鱼粉）价格低，故能显著降低饲养成本。

二、利用微生物发酵蚕蛹制备饲料蛋白

蚕蛹的异味消除及甲壳降解除了化学试剂浸提法外，微生物方法因其绿色、高效、简便等特点得到人们的青睐，尤其是利用微生物发酵工程技术，已成为当前研究的热点。微生物发酵工程处理即通过微生物的生长代谢活动将蚕蛹的异味物质降解为没有或少异味的物质，并生成具有香味的物质，改善蚕蛹的味道，此外，还可以将甲壳素等成分分解为小分子的功能性糖分子，促进蚕蛹的保健功能。与其他方法相比，微生物发酵法具有营养破坏性小、改善效果全面、经济效益高以及无化学溶剂残留等优点。大量研究证明，利用微生物发酵工程技术，还可将蚕蛹中大分子蛋白质降解为小分子量蛋白质和氨基酸，使其营养特性改善，更易被动物消化吸收利用。广东省农业科学院蚕业与农产品加工研究所赵祥杰在"一种利用微生物发酵蚕蛹制备饲料蛋白的方法"中提到了微生物发酵技术在蚕蛹脱臭中的应用，以及多菌种的复配混合发酵等技术，并对发酵产物的饲料化进行了研究。

制备方法如下。

1. 培养基制备 由5克蛋白胨、5克酵母膏、3克氯化钠加水1升组成的LB液体培养基（调节pH为7.0），倒入三角瓶中，制成枯草芽孢杆菌种子培养基和液体扩大培养基；由2克蛋白胨、5克NaCl、2克葡萄糖、3克KH_2PO_4、3克K_2HPO_4、0.2克$MgCl_2$、0.05克$CaSO_4$、2克淀粉加水1升（调节pH为6.5）组成的培养基，倒入三角瓶中，制成乳酸菌种子培养基和液体扩大培养基；由100克麦芽膏粉、0.01克氯霉素和1升水（调节pH为6.0）组成的麦芽汁培养基，倒入三角瓶中，制成酵母菌种子培养基和液体扩大培养基；蔗糖30克、KNO_3 2克、$MgSO_4$ 0.5克、Kcl 0.5克、K_2HPO_4 1克、$FeSO_4 \cdot 7H_2O$ 0.01克加水1升组成的培养基，倒入三角瓶中，制成米曲霉和酱油曲霉种子培养基和液体扩大培养基。

2. 菌液制备 从枯草芽孢杆菌试管斜面上挑取一环菌体，接种到LB种子培养基中，于30～37℃温度下，120～180转/分钟，摇床培养16～24小时后，直到$OD_{600}=0.7～0.9$，停止培养，作为种子液；从乳酸杆菌试管斜面上挑取一环菌体，接种到乳酸杆菌培养基中，于35℃温度下静置培养48小时，作为种子液；从啤酒酵母菌试管斜面上挑取一环菌体，接种到麦芽汁培养基中，于35℃温度下，180转/分钟，摇床培养24小时后，直到菌数为108个/毫升后停止培养，作为种子液；从米曲霉和酱油曲霉试管斜面上挑取一环孢子，分别接种到种子培养基中，于35℃温度下，150转/分钟，摇床培养24小时后，直到产生白色均匀（直径0.1～0.3厘米）孢子球，停止培养，作为种子液。

3. 固体发酵培养 将枯草芽孢杆菌、米曲霉、酱油曲霉、啤酒酵母菌、乳酸杆菌种子液按重量比2∶1∶1∶1∶1混合均匀作为缥丝蚕蛹粉发酵菌液，并以重量为缥丝蚕蛹粉总重量的10%的接种量接种到缥丝蚕蛹粉中，同时加入缥丝蚕蛹粉总重量的3%的糖蜜和0.05%的K_2HPO_4，混合均匀（初始pH为

7.0)，于 32℃下发酵 48 小时，然后于 60℃下干燥制样。对发酵前后蚕蛹进行营养成分分析及异味比较，发酵过的蚕蛹产品有酸香味道，无蚕蛹异味，含有大量的活性小分子等功能及营养成分，可在畜牧水产等养殖业中作为猪、鸡、罗非鱼等的绿色安全高效的饲料蛋白源添加使用。发酵后蚕蛹粉成品经称量、包装后放于阴凉干燥处，在室温下可存放 6～9 个月。

利用该方法生产的蚕蛹蛋白饲料产品品质好、无蛹臭味、有酸香味道、无有机溶剂残留、蛋白质易消化，而且生产成本低、生产工艺简便可靠，非常适用于规模化生产。

第二节　蚕蛹生产 α-亚麻酸

α-亚麻酸（Linolenic acid），是一种保持人体健康的必需脂肪酸。α-亚麻酸在体内参与磷脂的合成代谢，可转化为人体必需的生命活性因子 DHA 与 EPA。大量基础研究、流行病调查、动物实验、人体实验及临床观察表明，α-亚麻酸具有多方面的生理作用，为国内外医学界及营养学界所公认。其功能包括增长智力，保护视力，降低血脂、胆固醇，延缓衰老，抗过敏，抑制癌症的发生和转移等。α-亚麻酸在人体内不能合成，必须从体外摄取。人体一旦长期缺乏 α-亚麻酸，将会导致脑器官、视觉器官的功能衰老，并引起高血压、高血脂及癌症的发生。对 α-亚麻酸的特需人群主要包括高血脂人群、青少年儿童及婴儿、孕妇及哺乳期妇女。

目前，α-亚麻酸主要是从富含这类物质的植物中提取。事实上，部分动物中也含有丰富的 α-亚麻酸，如以蚕蛹为原料提炼的蚕蛹油中含有 75％的不饱和脂肪酸，其中 α-亚麻酸占 30％以上。因此，蚕蛹也可以作为提取 α-亚麻酸的好原料。国内的蚕蛹 α-亚麻酸产品普遍存在含量偏低的缺点，影响了 α-亚麻酸功效的发挥，因此国内的研究方向重点集中在提高 α-亚麻酸含量上。如何在生产规模上制备出纯度高达 85% 以上的蚕蛹 α-亚麻酸产品，是目前的研究重点之一。

提取工艺如图 6-1 所示。

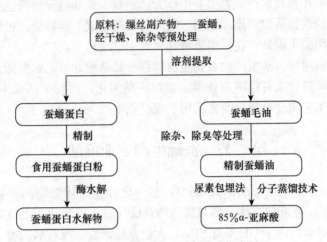

图 6-1　蚕蛹提取 α-亚麻酸工艺流程

1. 原材料预处理　当原料为新鲜蚕蛹、缫丝后含水蚕蛹时，首先将蚕蛹在 80℃ 的烘箱中干燥，除去其中可见杂物后，用粉碎机粉碎，制成蚕蛹粉，过 40 目筛备用。

2. 蚕蛹毛油浸提　将预处理后的蚕蛹粉置于提取罐中，加入 4～10 倍量的有机溶剂，在温度为 50～80℃ 的情况下，浸提时间为 1～3 小时，浸提次数为 2～4 次。

3. 蚕蛹毛油精制　浸提步骤结束后，过滤收集、合并滤液，回收溶剂，得到蚕蛹毛油。将蚕蛹毛油放入分离罐中，加入 1～3 倍量的稀碱溶液，常温搅拌 1～3 小时，静置，待油水分离后从分离罐下方放出稀碱溶液，得到精制蚕蛹油。

4. 蚕蛹脂肪酸的制备　称取精制蚕蛹油 1 份，加入 4.0% 氢氧化钠乙醇溶液 5 份，置于反应罐中，于 60～75℃ 搅拌反应 1～3 小时，静置至室温，加水至溶液澄清透明，用盐酸调 pH 为

2～3，于分离罐中用 3 份正己烷萃取，弃水层，水洗油层至中性。油层经无水硫酸钠脱水后于 40～50℃回收正己烷，即得混合脂肪酸。

5. 尿素包埋　将 3～5 尿素加入 8～12 份甲醇中，65℃水浴中搅拌使其溶解，加入一份脂肪酸，搅拌 60 分钟混匀，取出冷至室温。在 10～25℃静置包合 16～36 小时，取出后迅速减压抽滤，滤液用 10％盐酸调至 pH3.0，转移至分离罐中，用 2～3 倍量正己烷萃取，弃水层，水洗油层至中性，油层用无水硫酸钠脱水后，于 40～50℃回收正己烷，即得纯度达 70％以上 α-亚麻酸。

6. 分子蒸馏　使用刮膜式分子蒸馏设备，采用多级操作方式，蒸馏温度 95～110℃，操作压力 0.3～2 帕，进料温度 60℃，进料速率 85～95 毫升/小时，刮膜器转速 150 转/分钟。经过四级分子蒸馏，可以将 α-亚麻酸的纯度由原来的 70％～75％提纯至 85％～95％。

第三节　蚕蛹蛋白粉的加工生产

蚕蛹具有极高的营养价值，其中蚕蛹蛋白含量在 50％以上，远远高于一般食品，而且蛋白质中的必需氨基酸种类齐全。蚕蛹蛋白质由 18 种氨基酸组成，其中人体必需的 8 种氨基酸含量约为猪肉的 2 倍、鸡蛋的 4 倍、牛奶的 10 倍，氨基酸营养均衡，比例适当，符合 FAO/WHO（联合国粮农组织和世界卫生组织）的要求，非常适合人体的需要，是一种优质的昆虫蛋白质。蚕蛹也是卫生部批准的"作为普通食品管理的食品新资源名单"中唯一的昆虫类食品。

新鲜的蚕蛹脂肪含量高，而且有难闻的腥臭味，因此，要生产出达到食用级标准的高质量蚕蛹蛋白质，必须要解决好生产过程中的脱色、脱味、脱脂、脱盐等问题。景凯以新鲜蚕蛹为原料，经过粉碎放入碱溶液中去皮后脱脂，利用陶瓷膜回收

NaOH 并分离浓缩蛋白溶液，在分离出的蛋白溶液中加入双氧水或臭氧脱色除臭后，调节等电点后离心分离出蛋白，再用乙醇对分离出的蛋白浸洗，进一步脱脂脱色脱臭，再经真空干燥脱臭脱乙醇后超微粉碎，制得淡黄白色、低脂、无蛹臭、无盐、食用级蚕蛹蛋白质粉。

一、制备工艺流程

（1）取缫丝厂新鲜湿蚕蛹，剔除死蚕、僵蚕、坏蛹及其他纤维杂质后，称重 100 千克进行机械粉碎；将粉碎的物料按 1：16 的比例加入稀碱溶液中进行溶解，稀碱溶液的 pH 为 9～11，温度为 60～70℃，溶解时间 50～70 分钟。

（2）用 50 目左右的不锈钢网进行过滤，滤去蛹壳，将滤得的溶液用固—液两相蝶式分离机分离去溶液中残留蛹壳及非水溶性杂质，再用液—液—固三相蝶式分离机分离掉蚕蛹蛋白液中的油脂。

（3）对分离的蛋白液用 2 000 道尔顿孔径的陶瓷膜过滤，过滤所得的 NaOH 稀碱溶液可以循环利用。

（4）将陶瓷膜截留的蛋白溶液加温至 60℃，按料液 100：1～2 的比例加入双氧水进行脱色脱臭，时间 12 个小时，对脱色脱臭后的蛋白液再次用盐酸调节等电点并沉淀，然后用卧式螺旋分离机进行蛋白和水分离。

（5）对制得的湿蛋白按 1：1 加入浓度为 95％、温度为 60℃乙醇中浸洗，保温浸 2～3 次，每次 30 分钟，进一步脱色脱脂脱水脱臭，然后用卧式螺旋分离机分离蛋白和乙醇，同时用酒精回收装置对乙醇进行回收。

（6）对分离的蛋白进行真空干燥，进一步脱臭脱水，温度控制在 60～70℃，真空度 0.02～0.08 兆帕，对经真空干燥脱臭脱乙醇后的蚕蛹蛋白进行超微粉碎，目数在 200～300 目，制得成品 12.8 千克。

产品的颜色为浅白色，无异味，品尝无苦涩味，经测定，蛋白质含量（干基）达 90.2%，脂肪含量为 1.8%，灰分含量 2.8%，产品 pH 5.2，铅、无机砷、总汞等重金属含量以及细菌总数、酵母和霉菌、大肠菌群、致病菌等卫生指标均符合国家食品规定的标准。

二、产品主要用途

蚕蛹蛋白及氨基酸：蚕蛹含有丰富的蛋白质、蛹油、几丁质等成分，广泛应用于食品、医药、化工等领域。对其进行开发利用，将会取得非常好的社会效益和可观的经济效益。鲜蚕蛹蛋白质含量约在 13%～15%，干燥后蚕蛹蛋白质含量约在 40%～50%。加工提纯后的蛋白质，可直接作为极好的营养保健食品、饮料等的添加剂。同时，蚕蛹蛋白质经过进一步的加工降解，可生产质量优良的氨基酸。以此为原料生产的氨基酸，种类齐全，且各种氨基酸的比例合理，必需氨基酸含量高达 40%（这是确定蛋白质价值的主要指标）。因此，蚕蛹蛋白质及以此为原料生产的复合氨基酸非常适合身体的需要，特别适合作为婴幼儿及老年人的营养保健食品的强化剂（图 6-2）。

图 6-2　蚕蛹蛋白粉样品

三、投资规模及效益分析

以生产能力1吨干蚕蛹/天（约4吨湿蚕蛹/天）计，以医用复合氨基酸粉及精蛹油为产品，设备总投资（含水电）180万元；以食品蛋白粉和精蛹油为产品，设备投资为100万元。生产车间面积600米²，基建投资约30万元。如不采用溶剂浸出法提蛹油，又不进行蛹油精炼，可以减少投资40万~50万元。

蚕蛹在我国有比较丰富的资源，每生产1吨生丝的同时可得到1吨左右的蚕蛹，目前大量的蚕蛹未能得到开发利用，绝大部分只是干燥后作为动物饲料，其利用价值很低。将蚕蛹生产转化为高质量的蛋白质，其价最少能提高一倍以上。如果每吨平蛹按2 000~2 500元，蛋白质按25 000元/吨计，每吨干蛹可生产300~350千克蛋白质计算，其产值为7 500~7 800元，除去成本纯利润至少在2 000元以上，如果进一步加工生产复合氨基酸，则增值更大。蚕蛹油用途广泛，是市场紧缺商品，有很好的市场前景。

第四节　蚕蛹油的提取与利用

蚕蛹是一种药食两用的资源，是缫丝业的主要副产物，每生产1吨生丝即可生产1.5吨干蚕蛹。我国是桑蚕的主要生产国，国内每年有20万吨以上蚕蛹可供利用，但是由于缺乏深加工技术，基本都用作饲料或肥料，资源利用率低，造成极大的浪费。研究表明，干蚕蛹中含约30%的脂肪，蚕蛹油能水解成各种脂肪酸，蚕蛹油中不饱和脂肪酸的含量很高，约为75%，富含人体必需的亚油酸及α-亚麻酸等，其含量约为：油酸33%，α-亚麻酸35%，亚油酸8%，此外，还含有1%以上的p-谷昌醇、胆昌醇及菜油昌醇等不皂化物（表6-1）。蚕蛹油营养价值丰富，特别是富含的α-亚麻酸在人体内可转化为二十碳五烯酸，即

EPA，也可转化为二十二碳六烯酸，即 DHA，具有提高智力、保护视力、延缓衰老、降血脂、降血压、改善肝脏功能及预防心脑血管疾病和抑制老年性痴呆等作用，可开发制成药膳同源保健品。同时，大力开发蚕蛹油资源可增加国内油脂利用，缓解油脂供应不足的现状。

表 6-1　蚕蛹油脂肪酸组成

脂肪酸	含量（%）
棕榈酸（C16∶0）	21.8
棕榈油酸（C16∶1）	1.2
硬脂酸（C18∶0）	2.4
油酸（C18∶1）	37.6
亚油酸（C18∶2）	4.5
亚麻酸（C18∶3）	30.9
花生四烯酸（C20∶4）	0.5
其他	1.1

食用油脂制取的方法一般有压榨法、有机溶剂浸提法。近年来，超临界二氧化碳萃取法作为一种新的萃取方法已受到广泛重视与研究。关于蚕蛹油的萃取，有机溶剂萃取法成本低、耗能小，但存在萃取时间长及提取率不高的缺点；超临界二氧化碳萃取法提取率高、提取时间短，但对设备要求高、耗能大，且提取时易造成管道堵塞，工业生产成本较高，工艺过程中问题较多；超声波辅助萃取法在蚕蛹油萃取方面还未见报道，超声波可强化萃取分离过程的传质速率和效果，从而有利于油脂的提取。

一、超声波辅助提取工艺

超声波辅助提取工艺见图 6-3。

1. 蚕蛹预处理　将蚕蛹放入鼓风干燥箱内，80～120℃烘干至其含水量为 6%～10%，用粉碎机粉碎成粉状，过 30～80

目筛。

图 6-3　蚕蛹油加工工艺流程图

2. 超声波提取　蚕蛹粉装入容器内，加入正己烷或石油醚或环己烷提取溶剂，蚕蛹粉与提取溶剂的质量比为 1∶3～6，升温至 20～50℃，用超声波发生器功率为 120～150 瓦的超声波处理 30～40 分钟，收集提取液。

3. 制备蚕蛹油　提取液用 3～5 层 100～250 目纱布过滤，收集滤液，用离心机 1 500～4 000 转/分钟离心 10～30 分钟，收集上清液，在减压蒸发器内 40～50℃、－0.08 兆帕减压蒸馏，回收提取溶剂，得蚕蛹油。

4. 精炼　所制备的蚕蛹油加热至 70℃，加入占蚕蛹油质量 0.05%～0.12% 的磷酸或柠檬酸，搅拌混合，保持 5 分钟，进行脱胶；蚕蛹油温度为 45℃时，加入质量分数为 14% 的 NaOH 或 KOH 水溶液，添加量为蚕蛹油质量的 74.4%，40～60 转/分钟搅拌 30～40 分钟，蚕蛹油温度控制在 60～65℃，离心分离油皂，进行脱酸；脱酸后的蚕蛹油中加入占蚕蛹油质量 4% 的脱色白土，蚕蛹油温度控制在 40～42℃，120 转/分钟搅拌 30 分钟，过滤分离脱色白土，得精炼蚕蛹油。

二、蚕蛹油主要用途

上述得到的蛹油不饱和脂肪酸含量高、棕榈酸含量低，同时，无腥味、口感好，为临床软化血管，降血压、血脂、血糖，防止动脉硬化和血栓提供了一种新的选择。试验表明，它具有辅助降低血清甘油三酯的作用，是一种新型的保健营养品。

蚕蛹油有降低血清胆固醇和改善肝功能的作用，临床上常用于治疗高胆固醇血症和脂肪肝患者，取得了较好的疗效；蛹油也是生产高级美容化妆品的极好原料，也可作为高精密仪器的润滑剂和皮革的光亮剂；蛹油经硫酸处理后得到硫化蛹油，蛹油硫化品在工业上有广泛的应用价值。

第五节　蚕蛹加工生产甲壳素技术

甲壳素，又名几丁质、甲壳质、壳多糖等，是迄今发现的唯一天然碱性多糖，广泛存在于节肢动物门甲壳纲动物的虾、蟹的甲壳中，具有无毒、无味、耐碱、耐热、耐晒、耐腐蚀、耐虫蛀等特点，广泛应用于纺织、印染、造纸、食品、医药、化妆品、水果保鲜、环保等领域。目前，有关甲壳素产品的开发几乎都是从虾、蟹表壳中获得，由于虾和蟹壳含钙物质很高，要除去钙物质，所需的试剂消耗量较大。干蚕蛹含甲壳素约 2.73%，是生产甲壳素的良好原料。我国是蚕丝生产大国，年均有大量干蚕蛹可以利用，并且蚕蛹壳中含钙物质低，甲壳素的含量比虾、蟹高出 5%～10%，在进行蚕蛹综合利用过程中，将蛹蛋白、蛹油分离提取后，剩下的残渣只需简单的工序就可得到甲壳素。因此，在同等条件下，利用蚕蛹壳提取甲壳素更具成本优势。

制备工艺如下。

1. 脱脂　将蚕蛹置于 60℃ 的恒温干燥箱中烘干，粉碎，将干燥的蚕蛹粉加入石油醚或甲基叔丁基醚中，石油醚或甲基叔丁基醚的重量为干燥的蚕蛹粉 3 倍，升温至 70℃ 下回流 4 小时，过滤，烘干得到脱脂蚕蛹粉。

2. 脱蛋白质　将脱脂蚕蛹粉加入浓度为 9% 的 NaOH 水溶液中，升温至 100℃，搅拌 1 小时，过滤，水洗至 pH 至 7.5，烘干得到脱蛋白质蚕蛹粉。

3. 脱无机盐　将脱蛋白质蚕蛹粉加入浓度为 3% 的 HCl 水溶液中，升温至 60℃，搅拌 3 小时，过滤，水洗至 pH 至 6.5，烘干得到脱无机盐蚕蛹粉。

4. 脱色 将脱无机盐蚕蛹粉加入脱色剂中，脱色剂重量为脱无机盐蚕蛹粉的 2 倍，30℃静置 24 小时，过滤，水洗 5 次，烘干得到蚕蛹甲壳素。

以蚕蛹壳作为原料按照上述方法提取甲壳素，甲壳素的提取率高、灰分含量低、含氮量高，既充分利用了自然资源，又降低了成本。

第六节　蚕蛹替代蝙蝠蛾人工培育冬虫夏草技术

冬虫夏草，又称中华虫草，是我国的一种名贵中药材，由于独特的药理和药用功效，在世界上有较高的知名度，深受消费者喜爱。其主要分布在我国青海、西藏、四川、云南等地 3 000 多米以上的高山草地，是由冬虫夏草菌丝感染蝙蝠蛾幼虫体为基质，在适宜的温湿度等条件下完成营养生长后，形成真菌与昆虫的复合体。因其生长的气候、环境等条件较特殊，分布范围小、产量较低，难以满足日益增长的消费需求，价格不断上涨。

蚕蛹替代蝙蝠蛾人工培育冬虫夏草技术，是用养蚕业和丝绸业的副产品蚕蛹来代替蝙蝠蛾幼虫，并借鉴活蚕蛹人工培育蛹虫草的技术方法，将人工选育出的一株适应性强和菌丝生长快，且能在多种培养基上良好生长的专用冬虫夏草菌种 DC20565，在无菌条件下接入到活蚕蛹体内，放置在 10～20℃ 的温度下培育至从蚕蛹体上长出冬虫夏草子座，进行采收为止的技术。解决了冬虫夏草培育必须采用蝙蝠蛾幼虫，必须在原产地才能进行的难题，找到了一条采用蚕蛹代替蝙蝠蛾幼虫进行培养的新途径。

技术要点如下。

本技术所用蚕蛹为市售鲜活桑蚕蛹和柞蚕蛹。菌种：为适应性强、菌丝生长快、能在蚕蛹上良好生长并能长出子实体的专用液体菌种。本技术所用菌种为 DC20565，是购于陕西宁强利康富硒生物有限公司冬虫夏草研究所，以技术许可方式获得。该菌种是采集青海天然冬虫夏草，分离的纯菌种经过人工驯化选育的菌种。主要器具：接种箱或超净工作台、培养瓶或培养箱、一次性无菌注射器、臭氧消毒器、培养架、空调等。

蚕蛹人工培育冬虫夏草技术的主要方法：将经过消毒的鲜活蚕蛹、培养瓶或培养箱、无菌注射器、冬虫夏草专用液体菌种移入接菌室内的接种箱或超净工作台内，经消毒后用无菌注射器从菌种瓶内吸取菌液，用左手拿住蚕蛹，右手握住吸有菌种的注射器，将针头从蚕蛹头部刺入蚕蛹体内注入 0.3～0.5 毫升菌种后拔出，放入培养瓶或培养箱内，然后再按上述方法对所需要接菌种的蚕蛹分别接入菌种，接种满一瓶或一箱后，再更换，直到接种完全部蚕蛹。当把所要接菌种的蚕蛹全部接完后，就可移入经消毒和防虫处理的培养室内进行培养。

培养室：应选用密闭、保温保湿，温度、光照等易于人工调控，大小在 20～30 米² 的清洁房间为培养室。室内应安装空调、培养架，在使用前应进行消毒防虫处理。接种后的培养瓶或培养箱移入培养室内的培养架上后，应将温度保持在 15～18℃，一周后将温度调至 18～20℃，两周左右应对培养的蚕蛹进行一次检查，将未变硬的蚕蛹，或已污染的蚕蛹挑选出来，远离培养室埋掉。当蚕蛹变硬后将温度保持在 15～22℃；当子实体长出 1 厘米左右，开始进行通气，每 1～2 天通气 1 小时左右，温度保持在 10～20℃，光照强度为 200～300 勒克斯，直至子座长出 5～8 厘米即可条收；采收时应将蚕蛹与子实体小心移出培养瓶或培养箱，尽量不要碰伤或使子实体与蚕蛹分离。采收后的人工冬虫夏草，应及时进行烘干、冻干或晾干后，装入密闭的无毒塑料袋内储藏或销售。

第七节　蚕蛹发酵产品的加工

一、蚕蛹酱油的加工

酱油是中国的传统调味品，具有独特的酱香和色泽，在烹调时加入一定量的酱油，可增加食物的香味，并使其色泽更加好看，从而增进食欲。蚕蛹的食用同样也具有悠久的历史。蚕蛹味甘，性平，含丰富的蛋白质、多种氨基酸、不饱和脂肪酸、甘油醋、少量卵磷脂、淄醇、脂溶性维生素等，蚕蛹能产生具有药理学活性的物质，可有效提高人体内白细胞水平，从而提高人体免疫功能，延缓人体机能衰老，是高蛋白的营养品。

加工方法如下。

挑选优质新鲜的蚕蛹 18％，淘洗干净，在沸水中煮 15 分钟，沥干水分，烘焙干燥，研成粉末，待用；将黑豆饼 37％ 和花生饼 30％ 加纯净水常温浸泡 8 小时，加水量以浸泡后饼料与水的比例为 1∶1 为宜，浸泡后与碾碎的玉米 15％ 混合均匀，放入旋转式蒸锅内蒸熟，快速冷却至 45℃；按现有技术接入 961 酶制剂为发酵的曲种，发酵，浸出淋油，加入蚕蛹粉末混合均匀，加热消毒灌装。

二、蚕蛹面包的加工

蚕蛹中含有丰富的维生素 A、E、B_1、B_2、D 及麦角昌醇等，蛋白质含量也在 50％ 以上，其中人体必需的氨基酸含量很高而且齐全，是一种优质的昆虫蛋白质。蚕蛹中还含有钾、纳、钙、镁、铁、铜、锰、锌、磷、硒等微量元素以及胡萝卜素，以及丰富的不饱和脂肪酸等，也是人体不可缺少的。它对促进婴幼儿生长发育，改善人体血液微循环，增强细胞活力，增强记忆力和思维能力，维持人体正常的生理机能有其极为重要的作用。以蚕蛹作为面包的原料可以加工出一种具有低糖、富含蛋白质和维生素、老少皆宜的营养保健型面包。

制作方法如下。

1. 原料采集与预处理 选取缥丝厂或市场销售的人工饲养的桑蚕或柞蚕通过蒸茧、缥丝后的优质蚕蛹，通过热风干燥，去除束缚水；再取适时收获的青豌豆经脱壳后取得的嫩豆粒，分别用清水冲洗干净后沥水。

2. 蒸煮、打浆 将清洗过的蚕蛹与豌豆嫩鲜粒分别送入蒸屉用蒸汽蒸熟后摊晾，再称取蒸熟蚕蛹 7 千克，豌豆嫩鲜粒 35 千克，倒入搅拌机充分混合后送入打浆机碎解成蛹豆糜状混合料。

3. 筛分 将糜状料加入 42 千克清水，用 80 目曲筛或浆渣分离机筛分除去蛹壳与豆皮。

4. 配料 取筛分后的蚕蛹与鲜豌豆混合料 40 千克、玉米面粉 15 千克、小麦面粉 45 千克、甜叶菊萃取液 0.2 千克、干酵母 0.8 千克、水 8 千克。

5. 调粉发酵 先将配料按比例混合，送入和面机并充分搅拌调匀物料，再送入发酵室，在温度为 280~300℃、湿度为 80%~85% 条件下将面团发酵 2 小时。

6. 整形 面团发酵结束，放入醒发箱醒发 1.5 小时，当面团体积比醒发前增至约两倍，切开时断面均匀分布有蜂窝状时即可按所需形状分割成型，形成面包团。

7. 烤制 将面包团放入面包烤箱中按常规面包由低温到高温烘烤方法烤制出成品。

三、蚕蛹香菇酱的制备

蚕蛹不仅含有丰富的有机物质如蛋白质、脂肪、碳水化合物，无机物质如钾、钠、磷、铁、钙等各种盐类的含量也很丰富，还有人体所需的氨基酸，是卫生部批准的"作为普通食品管理的食品新资源名单"中唯一的昆虫类食品。香菇是一种营养丰富的食材，素有"山珍之王"之称，是高蛋白、低脂肪的营养保健食品。香菇中麦角昌醇含量很高，对防治佝偻病有效，香菇多糖能增强细胞免疫能力，从而抑制癌细胞的生长；香菇含有6大酶类的40多种酶，可以纠正人体酶缺乏症；香菇中的脂肪所含脂肪酸，对人体降低血脂有益。随着人们生活水平的提高，对使用方便、营养均衡，具有保健作用的食品需求越来越广泛。把蚕蛹和香菇结合做成蚕蛹香菇酱，香味独特、营养丰富、绿色健康、食用方便，可以丰富人们对食品的需求。

（一）原料配方

香菇40%，鲜蚕蛹20%，植物油15%，黑豆豉10%，姜4%，葱2%，蒜2%，香辛料粉%（花椒：肉桂：八角＝2：1：1），玉米淀粉2%，蚕蛹呈味基料4%。

（二）加工步骤

1. 香菇预处理　将新鲜香菇或泡发的干香菇洗净、沥干，后用小型绞肉机绞碎至粒度直径约为5～10毫米。

2. 蚕蛹预处理　将新鲜蚕蛹100℃进行漂烫处理2分钟，机械脱水5分钟，80℃热风干燥4小时至水分为20%。

3. 将油加热后将沥干的蚕蛹加入炒制　按照预定比例加入香辛料、葱、姜、蒜、黑豆豉等加入炒香，最后加入香菇焖炒5分钟，加入玉米淀粉浓缩汁收汁，起锅。

4. 灌装、排气、灭菌　装入玻璃瓶，用加热冷却后的植物油封顶，抽取真空，密封后80℃处理30分钟进行灭菌。

第七章 蚕蛾综合利用技术

蚕蛾自古以来就是一种集营养和药用功能于一体的资源昆虫。雄蚕蛾入药在我国有十分悠久的历史，在明朝著名的医学家李时珍所著的《本草纲目》中称雄蚕蛾为神虫国宝，具有补肝肾、壮阳、抗衰老的神奇功效。现代中医还发现蚕蛾具有治疗白内障、妇女更年期综合征和抗疲劳、延年益寿的功效。从营养角度来看，雄蚕蛾是不可多得的高营养食品，据有关资料报道，雄蚕蛾中含有丰富的蛋白质，蛋白质含量高于鸡蛋和猪肉，并且所含氨基酸种类齐全，必需氨基酸比例高，但脂肪含量大大低于鸡蛋和猪肉，并且以必需脂肪酸为主。同时，矿物质含量也极为丰富，尤以钙、磷、铁的含量最高，锌、硒、钾等次之，这对婴儿骨骼和大脑发育是十分有利。雄蚕蛾含有类雄激素样物质和其他活性成分，从保健功能上讲，它又是珍贵的天然滋补品。随着昆虫食品和药用保健品的深入研究，蚕蛾的综合利用也将会发出新的光彩。

第一节 蚕蛾活性成分及药用保健功能的开发利用

一、蚕蛾活性成分

（一）脂肪酸

对蚕蛾水提液冷冻处理后，用气相色谱仪测定其脂肪酸，发现雄蚕蛾的脂肪酸含量较高，其中亚麻酸、亚油酸等不饱和脂肪酸含量达 78.6%，必需脂肪酸占 43%，超过《食物成分表》中的任何一种动物的含量。最近研究表明，不饱和脂肪酸是人体的结构脂类物质和代谢底物，它作为一种重要的功能因子在保健食品中有着广阔的应用前景。

（二）类人类激素

蚕蛾处于繁衍后代的生殖期，也是甾体激素分泌的旺盛期。以蚕蛾为主要原料可开发壮阳、补阴等调节内分泌的产品，例如雄蚕蛾为原料生产并均已上市的龙蛾补酒、男壮胶囊等，具有壮阳涩精的功效，其功效可能与蚕蛾体内的类人类激素有关。

采用放射免疫法测定柞蚕蛾激素类物质，发现蚕蛾体内含有多种类人类激素，尽管含量不高，但种类齐全，雄性激素（睾酮）、雌性激素（雌二醇）、促卵泡释放激素、垂体泌乳素、孕酮等均有（徐启茂等，1994）。蚕蛾体内同时含有雌性激素和雄性激素，雌性激素在雌蛾体中含量高于雄蛾体，雄性激素在雄蛾体中含量高于雌蛾体。

二、蚕蛾体药用保健功能的开发利用

（一）补充膳食中的不饱和脂肪酸

雄蚕蛾体中脂肪酸含量高，其中不饱和脂肪酸含量高达 78.6%，人体必需的亚麻酸、油酸和亚油酸占总不饱和脂肪酸的比率分别为 35.9%、32.1% 和 7.1%。动物实验表明，必需脂肪酸是机体合成前列腺素所必需，如果缺乏必需脂肪酸，则机体组织形成前列腺素的能力将会减退，并可导致其生长发育受阻。雄蚕蛾可作为补肾壮阳药来使用，其机理可能就在此。研究雄蚕蛾体的水悬浮液对小白鼠性器官的影响，结果表明雄蚕蛾体水悬浮液中的有效成分能使小白鼠前列腺增重，说明它可缓解人类前列腺老年性纤维增生所导致的前列腺肥大。如能及时补充足够的必需脂肪酸，则可在此基础上保证合成前列腺的前体，避免其代偿性增大，可进一步缓解症状，这正好为说明其医疗保健上的作用找到了佐证。

（二）治疗白内障

白内障是眼科中常见的疾病，也是致盲的主要原因之一，其形成的机理尚在研究之中。延边大学医学院药理学教研室的曲香芝等人，用雄蚕蛾精液的乙醇提取物来治疗半乳糖所致的豚鼠白内障。豚鼠白内障模型建立的方法，是每天给豚鼠双侧眼球后注射 4 克/升半乳糖溶液 0.2 毫升。治疗用的雄蚕蛾精液乙醇提取物分大、中、小三组剂量，每组剂量内所含的精子数分别为 $4.4 \times 10^8 \sim 5.0 \times 10^8$ 个/千克、$2.2 \times 10^8 \sim 2.5 \times 10^8$ 个/千克、$1.1 \times 10^8 \sim 1.25 \times 10^8$ 个/千克，以白内停眼滴液作为对照组。结果显示，雄蚕蛾精液乙醇提取物大剂量组对半乳糖所致的白内障有明显治疗作用，其治疗作用明显优于白内停眼滴液（$P < 0.05$）。临床试验结果表明，肌肉注射雄蚕蛾精液乙醇提取物，对视网膜色素变性及老年性白内障也有明显效果。

目前认为，由半乳糖水平升高而引起的半乳糖性白内障病理模型的发生发展，与机体过氧化反应增强、自由基代谢紊乱有关，具体表现为晶状体中可溶性蛋白质及 14 种重要游离氨基酸降低。研究发现，老年性白内障晶状体中缺少游离氨基酸，而雄蚕蛾精液乙醇提取物中却含有这些游离氨基酸。赵惠仁等（2001）在研究半乳糖诱发大白鼠白内障的晶状体中也发现同样的现象。这表明雄蚕蛾精液乙醇提取物对实验性白内障的良好治疗作用，可能与它能增加和补充晶状体中缺少的游离氨基酸有关，当晶状体中游离氨基酸含量增高后，能使蛋白质合成增加，从而使半乳糖性白内障晶状体中可溶性蛋白质含量升高，从而起到治疗白内障的效果。

（三）抗衰老作用

家蚕蛾的消化器官已经严重退化，不能摄取水和任何营养物质。蚕蛾在完全不摄食的状态下，利用体内的营养积累，可存活 10 天左右，这对人类来说简直是不可思议的，暗示蚕蛾体内可能含有延年益寿的活性物质。

Kai 等（2002）以果蝇为模型动物，对雄蚕蛾的延年益寿作用进行了研究。将由雄蚕蛾和其他一些天然活性物质复配成的药品——虎宝和肾宝，适当稀释后喂饲果蝇，结果显示果蝇的寿命均显著地延长，如将虎宝和肾宝里的雄蚕蛾成分去掉，则果蝇的寿命不会延长，这表明雄蚕蛾对动物具有抗衰老、延年益寿的作用。由安徽农业大学和安徽中医学院联合研制的金刚健身液，是雄蚕蛾配伍中草药锁阳、鹿角胶等，经一定工艺加工而成的口服液，它能延长家蚕的生长时间，尤其对雄蚕幼虫和雄蚕蛾的作用更为显著，表明金刚健身液也有明显的抗衰老、延长寿命的作用。

人体衰老的主要或明显的标志，是生殖系统功能的衰退和丧失。雄蚕蛾在成虫期由脑神经细胞大量分泌的脑激素，可增进其生殖活动。其中分泌的 JH，就是一种对人体具有重要抗衰老作用的天然活性物质，它不仅能促进与保持幼状性状 mRNA 的合成，同时 JH 本身也是一种抗氧化剂，对消除过剩的自由基会产生积极作用。由此可见，中老年人服用含有脑激素的药品，可以明显地延缓和抵制衰老。

（四）治疗更年期综合征

因内分泌功能失调而导致的前列腺肥大、更年期综合征等中老年常见性疾病，近年来已引起全社会的关注。据报道，更年期综合征几乎是每位妇女都要经历的生理病症，常给患者的生活带来痛苦和不便。

处于生殖阶段的蚕蛾，体内含有大量的脑激素、性激素、前列腺素等生理活性物质，其生理活性物质对内分泌功能的调节作用已经得到了药理学证明。都兴范等（1998）用柞蚕蛾提取液配伍茯苓等中草药，研制出了治疗妇女更年期综合征的新药——九如天宝液，对 50 例妇女更年期综合征患者进行治疗，受试者每日口服九如天宝液二次，每次 10 毫升，4 周为一个疗程。结果病理体征缓解率为 81.6%，显效率为 42.0%，有效率为

46.0％，总有效率达 88.0％。辽宁省丹东市东星制药厂以柞蚕蛾体的类甾体激素为原料，生产出了治疗妇女更年期综合征的"凤蛾龟令液"，该产品已出口到东南亚。

受传统中医药的影响，以前蚕桑副产物蚕蛾的开发利用中，几乎都是用雄蚕蛾，对雌蚕蛾的研究较少。开发利用雄蚕蛾只利用了一半的蚕蛾资源，如果能开发利用雌蚕蛾，就可大大提高蚕业资源的利用率，这不仅可以扩大中药资源，而且能大大增加社会与经济效益。

三、蚕蛾开发前景展望

家蚕是目前地球上室内饲养量最大的经济资源昆虫，5 000多年的饲养历史，已形成了一整套成熟、先进的饲养体系，不仅饲养容易，而且饲养成本低，既可以用桑叶大规模低成本饲养，也可以用人工饲料全年工厂化饲养。根据蚕蛾的营养成分与药理药化特性，蚕蛾可被应用于食品、药品生产等多方面。将制种后倾弃的蚕蛾进行充分利用，不仅能提高蚕业生产的经济效益，而且能发挥出较大的社会效益。蚕蛾的综合开发利用将向纵深发展，并会形成一股潮流，推进蚕业和中药业的快速发展。

第二节　雄蚕蛾酒的制备

众所周知，雄蚕蛾的食用在中国有悠久的历史，早在唐宋时期就被皇室视为一种珍贵的补品。明朝李时珍在《本草纲目》中称雄蚕蛾为神虫国宝，认为此昆虫有补肝肾、壮阳、抗衰老的神奇功效。现代科学研究证明，雄蚕蛾体内含有丰富的活性物质，雄性激素含量丰富，对增强人体免疫力和性功能效果显著。它含有丰富的细胞色素 C、维生素 B_2、烟酸、α-蜕皮酮及 ρ-蜕皮酮等多种成分，对调节人体机能有极好的功效。但是，长期以来，作为一种中药的雄蚕蛾，以往都是将其烘干研末来服用或外用，或者将其粉碎后与其他中药材一起泡酒服用，都是将雄蚕蛾具有的多种效用综合利用，缺乏一种仅仅利用雄蚕蛾的补肾壮阳作用的单一功能的保健酒。

制备方法如下。

（1）将未交配雄蚕蛾用 50 ℃温度杀死。

（2）去除头、翅膀、身子，只留尾部，干燥至 30％的含水量。

（3）用 53 度白酒 1 000 重量份，雄蚕蛾干尾部 200 重量份浸泡。

（4）浸泡 1 个月后根据理化，感观，卫生指标调口感，第一次调口感后过七天调第二次口感，再七天后调第三次口感。

（5）储藏三个月，然后澄清、过滤、精滤，灌装，检验出成品。

现代科学研究表明，雄蚕蛾的雄性激素主要集中于其尾部，本发明的雄蚕蛾酒只选用雄蚕蛾的干尾部并以纯粮食高度白酒进行长时间的浸泡，不但很好地使雄蚕蛾中的雄性激素溶入白酒，而且由于不对雄蚕蛾进行粉碎，其内脏等物质也不会污染酒体，再佐以蜂蜜等调节口感，既口感好，又可达到补肾壮阳的效果。

第三节　雌蛾女性功能食品的制备

经中国科学院动物研究所等单位分析检测，雌性柞蚕蛾含有 100 多种生物活性成分，主要包括抗菌肽、前列腺素（prostaglandin，PG）和天然的雌二醇和孕酮（类激素样物质）等类人类激素。雌蛾中有黄酮类、多糖类、生物碱类、挥发油、氨基酸、维生素及微量元素多种化学成分，具有明显的抗衰老、延长寿命的作用。中医药研究表明，家蚕雌蛾可用于调整内分泌紊乱。经常食用家蚕雌蛾对内分泌失调、生理功能退化、贫血衰老、骨质疏松、腰酸背痛、皮肤松弛、面部萎黄、失眠健忘等症状具有预防和改善作用。

一、配方

制作柞蚕雌蛾女性功能食品的配方 1-3 各原料的重量配比见表 7-1。

表 7-1　柞蚕雌蛾女性功能食品的配方（千克）

编号	柞蚕雄蛾	白茯苓	薏苡仁	葛根	女贞子	红景天
1	50	6	6	6	6	6
2	60	8	8	8	8	8
3	70	10	10	10	10	10

二、制备方法

（1）将 60 千克羽化后 6～48 小时剪翅剪足的雌蛾在温度 80～100℃热水浸 3～5 分钟，然后在温度 50～60℃进行烘干，使含水量在 8％～10％，粉碎过 100～150 目筛。

（2）将白茯苓、昔该仁、葛根、女贞子、红景天各 8 千克分别清洗干净，均在温度 50～60℃进行烘干，分别粉碎过 100～150 目筛。

（3）将步骤（1）和（2）制成的柞蚕雌蛾、白茯苓、昔该仁、葛根、女贞子和红景天的粉剂混合均匀，经钴射线辐射灭菌，装入胶囊制成胶囊剂成品，还可按现有的片剂制作方法制成片剂成品。

三、功效

试用群体验证，本方法制得的雌蛾女性功能食品的营养成分对调节女性体内雌激素水平，养护卵巢，预防女性卵巢功能衰退，缓解更年期综合症状，预防骨质疏松，防止老年性痴呆，改善睡眠，美容瘦身，延缓衰老具有功能作用，且没有任何不良作用。

第四节　雌蛾女性美容酒的制备

我国的酒文化历史悠久，酒深受广大饮用者的喜爱，而现有适于男性饮用的白酒和保健酒种类繁多，适于女性饮用的保健酒却很少。现有的酒正朝着低度、多品种、营养型，有利于健康的方向发展。

家蚕雌蛾经研究得知，雌蛾体内含有蛋白质 18%，脂肪 7%，其中脂肪中的不饱和脂肪酸含量为 78%，另外还含有多种维生素、微量元素和类人体性激素孕酮、雌二醇、促卵泡释放激素、垂体泌乳素、孕酮等生理活性物质。因此可以利用雌蛾为原料配合其他中药生产具有美容保健功效的美容酒。

一、配方

制作本雌蛾女性美容酒的各原料的重量配比见表 7-2。

表 7-2　雌蛾女性美容酒配方（千克）

编号	纯净水	白酒	干雌蛾	枸杞	大枣	覆盆子	干桑椹	蜂蜜	砂糖
1	20	50	2	1	1	0.5	0.5	1	0.5
2	35	65	3	2	2	1.3	1.3	1.5	0.8
3	50	80	4	3	3	2	2	2	1

二、制备方法

雌蛾女性美容酒的生产工艺包括以下步骤。

（1）将 60～80℃烘干的柞蚕雌蛾 3 千克、枸杞 2 千克、大枣 2 千克、覆盆子 1.3 千克、干桑椹 1.3 千克，先浸入 15～20 千克的55度清香型白酒内，每隔7天搅拌一次，浸泡30天，过滤得到柞蚕雌蛾第一原汁。

（2）将滤除的柞蚕雌蛾及中药浸入5～10份的50度的清香型白酒内，浸泡15天，过滤得到酒第二原汁。

（3）再将滤除的柞蚕雌蛾及中药浸入5～10份的40度清香型白酒内，浸泡7天，过滤得到酒第三原汁。

（4）将（1）、（2）和（3）步骤得到的酒第一、二和三原汁混合待用。

（5）将步骤（4）得到的酒第一、二、三原汁与蜂蜜1～2份、白砂糖0.5～1份混合，用20～50份的纯净水调整酒精度，放置5～10天，精过滤，装瓶得到女性美容酒成品。

该雌蛾女性美容酒最佳每日饮用1～2次，每次量为50～100克，两次间隔6～8个时。该白酒科学合理配伍，充分发挥其协同效果，提供了一种具有色泽鲜美、香气宜人、甘润、绵柔醇厚和爽净口味，且能够滋阴强肾、健脑益智、活血通络、美白祛斑、改善睡眠、提高免疫力、抗疲劳、抗衰老及改善性功能作用的柞蚕雌蛾女性美容酒。

第五节　雄蛾粉及雄蛾胶囊的制备

蚕蛾是蚕种场的下脚料，包括雄蛾和雌蛾，在数量上各占一半。目前我国蚕蛾资源非常丰富，仅广东每年就有近百吨的蚕蛾，但开发利用的比例还不到10%。雄蛾具有很高的药用价值，自古入药，中医认为雄蛾具有补肝益肾、壮阳涩精、止血生肌等功效，能治疗阳痿、遗精、尿血、创伤等。但由于雄蚕蛾含有较多脂肪、蛋白质等成分，极易氧化变质，因此，在当今医药市场上反而没有作为中药材使用，造成资源的浪费和一定的环境污染。所以，以蚕蛾为原料，开发出具有一定医药保健功效的产品可以提高蚕蛾的经济价值。

一、雄蚕蛾胶囊制备工艺

广东省农业科学院蚕业研究所的陈卫东以蚕蛾为原料，搭配其他中药制剂制成了一种雄蚕蛾胶囊，其制备工艺如下。

（1）取未交配的雄蚕蛾 200 克，烘干，除去足、翅和鳞屑，用 500 毫升低沸点石油醚在 40℃条件下回流提取 2 小时，过滤，滤液真空浓缩并回收石油醚，得浸膏Ⅰ；将残渣粉碎，取 5/6 用 65％的食用酒精在 60℃下浸提 3 小时，过滤，残渣再用相同浓度的食用酒精抽提 3 小时，过滤，合并两次滤液，真空浓缩并回收酒精，得浸膏Ⅱ；合并浸膏Ⅰ和Ⅱ，约得到雄蚕蛾浸膏 15 克。

（2）分别取 50 克的龙眼肉、枸杞子和黑大枣，混合，加水打浆，再加 5 倍去离子水，在 100℃条件下抽提 2 小时，过滤；残渣同样条件再抽提一次，过滤；合并两次滤液，在 70℃条件下真空浓缩，得中药浸膏约为 30 克。

（3）按 20：50：28：2 的比例加入雄蚕蛾浸膏、中药浸膏混合，去除脂溶性成分后的雄蚕蛾粉和麦芽糊精，搅拌均匀，低温干燥，精磨成粉，装入空胶囊，包装后用钴 60 射线辐射灭菌，即制得雄蚕蛾胶囊成品。

二、雄蚕蛾粉的制备

（1）柞蚕雄蛾的制取　用于制药的柞蚕雄蛾主要有两个来源：一个是直接收购蚕蛾，一个是自行制取。为了保证雄蛾的药效，要求用来制药的雄蛾必须是未交配的雄蛾，腹部饱满，背部绒毛整齐。为了确保雄蛾的质量，采取自行制取的方法。收购体质强健品种大茧，剔除不良茧，进行雌雄挑选，专选雄茧备用。

（2）消毒清洗　称取 5 千克自己制取的雄蛾，去翅足，放入生理盐水中浸泡 15 分钟进行消毒灭菌，再用纯水清洗两遍，沥干水分后在 −18℃速冻 48 小时。

（3）低温粉碎　将速冻后的雄蛾放入低温超细粉碎机中，盖好机盖，调节低温超细粉碎机的制冷温度－25℃，进行低温粉碎；在粉碎期间，取少许样品过 150 目筛检测粒度，合格后停止粉碎。

（4）冷冻真空干燥　将粉碎后的雄蛾粉取出，放入不锈钢托盘中，放入冷冻真空干燥机中进行真空冷冻干燥，先预冷冻 3 小时，当温度达到－35℃时，保温 2 小时同时抽真空，真空度为 0.06 兆帕，然后逐步升温到35℃并保温 2～3 小时，升温速度控制在每小时5℃，所述整个冷冻干燥的时间为 24～28 小时；然后将干燥后的雄蛾粉块放入超细粉碎机中粉碎 30 秒即可。经过上述工艺制备的雄蛾粉粒度在 150 目以上。最终产品的收率约为 60%，得到雄蛾粉约 3.0千克，将上述柞蚕雄蛾粉装入袋中抽真空，4℃保存。

第六节　富含雌性激素的蚕蛾粉的制备

蚕桑产物作为中药材用于防病治病，在我国已有很久的历史。现代药理学研究发现，家蚕雌蛾体内含的雌二醇是其药理作用的物质基础，具有类雌激素作用。制备高雌二醇含量的家蚕雌蛾粉，可为妇女更年期综合征治疗药物和保健食品的开发，提供天然、安全的新资源，社会效益和经济效益显著。

更年期综合征是妇女雌激素分泌减少而引起内分泌失调和植物神经紊乱等表现的一组征候群，临床上主要表现为潮热出汗、心慌气短、心律不齐、眩晕耳鸣、眼花头痛、血压不稳定、失眠健忘、易怒多疑、乏力抽筋、骨质疏松、皮肤失去光泽、胆固醇增高、心理压力增大等症状，不仅严重危及身心健康，还严重影响工作、夫妻感情、家庭幸福等。

目前，临床上治疗更年期综合征主要有激素替代疗法和中医药疗法二大类。激素替代疗法是利用外源雌激素或雌激素合并孕激素来延缓或减轻妇女更年期综合征的方法，尽管其疗效得到了临床肯定，但长期使用会产生包括诱发癌变在内的一系列明显的不良反应，其风险已引起人们的广泛关注。中医药疗法是采用传统的天然中药活性物质（天然雌二醇等），通过调节人体代谢与内分泌功能，来治疗更年期综合征的方法，不仅疗效稳定，而且毒副作用小，已成为更年期综合征治疗药物开发的热点。利用富含雌性激素雌二醇和孕酮的雌蛾为原料，经过超微粉碎技术制备得到的雌蛾粉能有效地补充体内的雌性激素，可开发成为治疗妇女更年期综合征的一种天然保健品。

制备方法如下。

（1）在春季用适熟桑叶于 25～28℃ 环境下，饲养家蚕至上蔟结茧。

（2）待化蛹后剖开茧，取出蚕蛹进行雌雄鉴别，取雌蚕蛹，继续于 24～25℃ 下保护。

（3）羽化前 24 小时，用 75％ 乙醇溶液均匀喷湿雌蚕蛹体，密闭 3 小时，并在黑暗条件下保护。

（4）20 小时后感光让雌蚕蛹羽化，羽化 5 小时后让雌蚕蛾排空蛾尿，并放入冷藏箱内，于 2～4 小时内将温度逐渐均匀降至 -30℃ 下冷冻。

（5）将冷冻雌蚕蛾真空冷冻干燥 30 个小时。

（6）将冷冻干燥后的蚕蛾的翅膀和足剪去，入低温超微粉碎机中，于 -15℃ 下超微粉碎 10～15 分钟。

（7）粉末过 160 目筛，得到富含雌二醇的家蚕雌蛾粉。

本方法采用低温粉碎的方法，把雌蚕蛾体直接加工，极大地保留雌蛾体的活性成分。低温超细粉碎粒度达到 160 目，提高了其生物利用度，利用本方法制得的家蚕雌蛾粉，可方便加工成硬胶囊等药用剂型。制作工艺简单，操作方便，产品易于保存，应用方便，解决了运输和保鲜的问题。因为富含天然昆虫雌二醇，所以可用于妇女更年期综合征防治的治疗药物或保健食品的开发，以满足国内外对妇女更年期综合征的治疗药物和保健食品的多元化需求，同时可提升传统蚕丝业，具有积极的社会效益和经济效益。

第八章　蚕丝副产品的利用

第一节　废蚕丝制备丝短肽及丝氨基酸的方法

丝短肽及丝氨基酸溶于水、渗透力强，可营养皮肤，阻断紫外线，抑制黑色素生成。一些丝短肽或丝氨基酸还有药用价值，如丙氨酸保护肝脏，甘氨酸和丝氨酸防治高血压、脑血栓和脑溢血等疾病。因此，丝短肽及丝氨基酸可广泛用于医药、食品、日化等领域，作为营养剂、药物、日化及表面活性剂等的原料。

目前，以废蚕丝为原料制备丝氨基酸的方法有酸法、碱法或酶法。例如《蚕业科学》2006 年第四期中的《采用正交试验优化柞蚕丝肽生产条件》一文中，公开的方法是以柞蚕丝为原料，经脱胶后，在硫酸高温下水解、中和、脱色得到产品。该方法的主要缺点是所用硫酸浓度较高，水解时间长，水解副产物多，水解物分子量不均一，中和废渣多，原料未完全利用，不利于可持续发展。又如 2009 年 3 月 11 日公布的公开号为 CN101381758A 的"由蚕丝提取丝素肽的方法"专利，公开的方法是以碳酸钠溶液精炼后的蚕丝为原料，加入到氯化钙溶液中溶解，用蛋白酶进行水解反应，水解液经超滤和纳滤分离后，得到的料液经喷雾干燥得到丝素肽粉末。该方法的主要缺点是丝素在氯化钙中溶解度低、酶在高浓度盐的条件下易变性、水解效率低、产品中盐含量高、含盐废水量大，有"三废"产生，不利于可持续发展。

操作工艺流程如图 8-1 所示。

1. 预处理　以废蚕丝为原料，先用铡刀将废蚕丝铡成长度为 1 厘米的短丝段，再放置于不锈钢高压反应釜中，然后再与高压蒸汽发生器连接，组成自制的蒸汽爆破装置。接着再按照铡成长度为 1 厘米的短丝段的质量（克）：不锈钢高压反应釜的体积（毫升）比为 1∶10 的比例，先将短丝段加入不锈钢高压反应釜中，再通入高压蒸汽，直至釜内压力达到 3 兆帕时为止，保持30 分钟后开启中压蝶阀，进行爆气处理，收集爆气短丝段。对于收集的爆气短丝段，用于下一步的稀硫酸水解。

2. 稀硫酸水解 　按照第一步收集的爆气短丝段的质量（克）：体积浓度为 1‰硫酸的体积（毫升）比为 1∶10 的比例，先将爆气短丝段放置于搪玻璃反应釜中，再在搪玻璃反应釜中加入稀硫酸并密闭反应釜，然后再升温至 130℃，在压力为 0.3 兆帕的条件下，进行水解 2 小时。水解完成后，向反应釜夹层中通入冷却水，待反应釜降温至 40℃后开启放料阀，将水解液泵入抽滤机中，进行抽滤。弃滤渣，收集滤液。对于收集的滤液，即稀硫酸水解液，用于下一步的脱酸。

3. 脱酸 　第二步完成后，先将第二步收集的滤液，通过截留分子量为 3 000 道尔顿的超滤器，在压力为 0.08 兆帕下，进行第一次超滤脱酸，直至超滤截留液体积减少至原体积 20%时为止，分别收集第一次超滤滤过液和第一次超滤截留液。对于收集的第一次超滤截留液，补充纯净水至原体积，在同等条件下，进行第二次超滤脱酸，分别收集第二次超滤滤过液和第二次超滤截留液。对于收集的第一次、第二次超滤滤过液，真空浓缩后，再次用于第一步的预处理；对于收集的第二次超滤截留液，用纯净水稀释至原体积，即为脱酸水解液，其 pH 为 2，用于下一步的处理。

4. 制备酶水解液 　第三步完成后，将第三步制备出的脱酸水解液泵入搪玻璃反应釜中，先在搅拌下升温至 50℃，再按照酸性蛋白酶的质量（克）：脱酸水解液的体积（毫升）比为 1∶50 的比例，在搪玻璃反应釜中加入酸性蛋白酶，进行恒温酶水解 1 小时。水解完成后，继续升温至 80℃，并保温 5 分钟，用于灭除酶的活性，收集灭除酶活性的液体。对于收集的灭除酶活性的液体，就为制备出的酶水解液，用于下一步脱色处理。

5. 脱色　第四步完成后，将第四步收集的灭除酶活性的液体泵入活性炭脱色柱中，进行脱色，直至流出的脱色液呈无色时为止，分别收集脱色液和脱色废活性炭柱。对于收集的脱色液，用于下一步中和处理；对于收集的脱色废活性炭柱，送活性炭再生公司，再生后能再利用。

6. 中和　第五步完成后，将第五步收集的脱色液泵入中和釜中，在搅拌下加入碳酸钙粉末，用于中和残余的硫酸根，直至体系的 pH 达到 5.0 时为止。中和完成后，将中和反应液泵入抽滤机中，进行第一次抽滤，分别收集第一次滤过液和第一次滤渣。对于收集的第一次滤渣，先用其体积 6 倍的纯净水进行洗涤，除去夹杂的废蚕丝水解物，然后在同等条件下，进行第二次抽滤，分别收集第二次滤过液和第二次滤渣。对于收集的第二次滤过液，与收集的第一次滤过液合并，就制备出了中和液，用于下一步脱盐处理；对于收集的第二次滤渣，即为硫酸钙，送水泥制造公司或石膏板制造公司，作为水泥添加剂或制造石膏板。

7. 脱盐　第六步完成后，按照强酸性阳离子交换树脂（即 001×7 树脂或 HZ-016 树脂等）：第六步制备出的中和液的体积比为 1：25 的比例，先将中和液泵入强酸性阳离子交换树脂柱中，在流速为树脂柱体积的 2 倍量/小时的条件下，进行脱盐处理，分别收集脱盐液和脱盐强酸性阳离子交换树脂柱。对于收集的脱盐液，用于下一步的纳滤分级；对于收集的脱盐强酸性阳离子交换树脂柱，先泵入与脱盐强酸性阳离子交换树脂柱等体积的盐酸体积浓度为 4% 的盐酸溶液，静置 30 分钟，再泵入盐酸体积浓度为 4% 的盐酸溶液，在流速为 2 倍强酸性阳离子交换树脂柱体积/小时的条件下，进行洗涤 30 分钟，最后用纯净水洗涤至 pH 为 5.0 时为止，分别收集盐酸体积浓度为 4% 的盐酸再生液、纯净水洗涤液和经过再生处理的强酸性阳离子交换树脂柱。对于收集的 4％的稀盐酸再生液和纯净水洗涤液，泵入净化池进行中和处理，达标后排放；对于收集的经过再生处理的强酸性阳离子交换树脂柱，即为再生强酸性阳离子交换树脂柱，可再次用于第七步的脱盐处理。

8. 纳滤分级 第七步完成后，将第七步收集的脱盐液泵入截留分子量为 500 道尔顿的纳滤器中，在压力为 0.3 兆帕下，进行纳滤分级，直至无纳滤滤过液流出为止，分别收集纳滤滤过液和纳滤截留液。对于收集的纳滤滤过液，即为丝氨基酸分级液，主要含游离氨基酸分子，用于真空浓缩处理；对收集的纳滤截留液，主要含丝短肽，即为丝短肽分级液，用于真空浓缩处理。

9. 真空浓缩 第八步完成后，将第八步收集的丝氨基酸分级液和丝短肽分级液分别泵入真空浓缩机中，分别在真空度为 0.6 兆帕、温度为 75℃的条件下，分别进行真空浓缩。其中丝氨基酸分级液浓缩至氨基酸态氮达到 2.0％时止，丝短肽分级液浓缩至氨基酸态氮达到 1.0％时止，分别收集丝氨基酸浓缩液和丝短肽浓缩液。对于分别收集的丝氨基酸浓缩液和丝短肽浓缩液，分别用于制备丝氨基酸和丝短肽浓缩液制品。

10. 制备丝氨基酸和丝短肽浓缩液制品 第九步完成后，将第九步分别收集的丝氨基酸浓缩液和丝短肽浓缩液分别泵入调配罐中，分别按照丝氨基酸浓缩液∶甘油∶百霉杀防腐剂的体积比为 1∶0.1∶0.003 的比例；丝短肽浓缩液∶甘油∶百霉杀防腐剂的体积比为 1∶0.05∶0.003 的比例，在无菌环境下分别在丝氨基酸浓缩液和丝短肽浓缩液中加入甘油和百霉杀防腐剂，分别搅拌均匀，就分别制备出平均分子量为 150 道尔顿的丝氨基酸浓缩液和平均分子量为 650 道尔顿丝短肽浓缩液。

该发明的目的是针对现有制备丝短肽及丝氨基酸方法的不足之处，提供一种用废蚕丝制备丝短肽及丝氨基酸的方法。该方法具有水解条件温和、水解率高、操作简单、成本较低、清洁安全等特点。采用本方法制备出的丝短肽及丝氨基酸具有溶解性好、纯度高，可广泛应用于化妆品、医药、食品等领域。

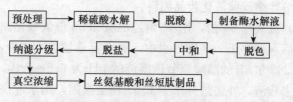

图 8-1　废蚕丝制备丝短肽及丝氨基酸的工艺流程

第二节　废蚕丝制备化妆品的方法

利用废丝（不能上车缫丝的小脚茧丝）制备丝粉，混合其他化妆品原料，制成含丝素的各种类型的化妆品。

近年来，以珍珠为原料的化妆品曾风靡国内外市场，被誉为人人皆需的超级美容品和高级营养品，其原因是由于珍珠中含有人体皮肤不可缺少的多种氨基酸，而桑蚕丝中的天然蛋白质含量大大高于珍珠，其中，蚕丝素的总氮含量为 18.91%，比珍珠的总氮含量高 37 倍之多。因此，国内外研究出的以蚕丝素的原料化妆品，对防止皮肤衰老，减缓皮肤细小皱纹的出现有一定的作用，对预防皮肤色素沉着亦有一定效果。江苏无锡第一丝厂、无锡化妆品厂生产的"丝素膏"、"维丝美"等就属于这类新型营养性的高级化妆品。

一、蚕丝粉的制备

蚕丝粉的制造方法很多，现着重介绍以下 4 种。

（1）将 160 克废蚕丝逐渐加入到 800 毫升 40%（体积比）的硫酸溶液中，边加边不停地搅拌，在 50℃ 下维持约 2 小时，使蚕丝蛋白质充分水解。水解后倒入 1.6 升冷水中，用 pH 为 10 的氢氧化钠溶液调整其 pH 至 6.0 放置过夜，倾出上清液，用离心机分离除去沉淀。由离心得到的液体与上述上清液合并，再进行抽滤加温至 80℃，保持 1 小时，灭菌后，可以得到 1.4 升左右的可溶性绢丝肽液化妆品原料。

（2）废蚕丝 60 份，用 48 份乙二胺和 36 份氢氧化钠的混合物处理后，溶解于 300 份的水中，加水至总量为 600 份，搅拌。然后用 3 摩尔/升的醋酸调节该溶液的 pH 为 6.5～7.0，得到的滤液滤去残渣，并通过纤维素 C-65 柱上吸附，用水冲洗，透析 24～48 小时，然后再次搅动除去树脂，余下的溶液加水 2 460 份，并用 2 160 份丁二醇处理，再用 2 摩尔/升的氢氧化钠和 0.3 摩尔醋酸溶液，将 pH 调整到 4.0～4.5，得到的溶液放置 24 小时，最后在 70～75℃温度下加热 3 小时，得到一种含丝粉的透明胶状溶液。

（3）把乱丝、茧壳放入 10％碳酸钠溶液中，在 95℃温度下，把 2％的马赛皂水溶液加入上述溶液中，加热 90 分钟，所得的产物再加入 8 摩尔的溴化锂，在 40℃下，加热 2 小时，将用溴化锂处理后的丝粉放入平透膜内，用大量水透析，除去溴离子，直至 Br⁻ 消失为止（用硝酸银溶液检查）。这样，就得到了白色的丝粉微型结晶。

（4）经漂白处理后的蚕丝纤维残屑，用稀碱处理后，置于 1.2 摩尔/升的盐酸中，在 60～70℃温度下加热 24 小时，然后用力搅拌 30 分钟，过滤沉淀，沉淀物用 2 摩尔/升氯化钠洗涤，并把 pH 调整到 6.5～7.5。接着缓慢倾斜过滤，沉淀，用碱液洗涤。经干燥后得到可作化妆品基料的蚕丝粉剂。

二、几种含蚕丝粉的化妆品典型配方

利用上述诸法制成的原料可以配成许多化妆品，现分别举例如下。

1. 配方一

可溶性蚕丝多肽	3.0％
乙醇	10.0％

乳糖	0.3%
柠檬糖	1.0%
甘油	5.0%
防腐剂及香料	适量

最后用精制蒸馏水加至100%即可。按此方配成的化妆品，因含有蚕丝的可溶性多肽，具有抑制酪氨酸活性的功能，所以，能表现出比较明显的抑制黑色素的能力。

2. 配方二

蚕丝粉溶液（按上述方法2制备）	10%
聚氧乙烯油酸醚	1.8%
羊毛脂醇	1.8%
羊毛脂	5.4%
十六醇	2.0%
蜂蜡	9.0%
液体石蜡	6.0%
硬脂酸甘油酯	10%
地蜡	2.0%
硼砂	1.0%

最后加防腐剂、香料和水加至100%，经搅拌加工，便成为一种乳液状化妆品。

3. 配方三

蚕丝粉（按上述方法4制备）	39%
氮化肽	8.0%
氧化锌	8.0%
陶土	25.0%
氧化铁红	适量
表面活性剂	5.0%
液态石蜡	7.0%
丁二醇	8.0%

香料　　　　　　　　　　　　　　　　适量

按上述比例，调匀复配制成营养化妆品。

4. 配方四

硬脂酸	3 份	液态石蜡	6 份	蜂蜡	1.5 份
羊毛脂	3 份	三乙醇胺	0.7 份	水	8.5 份
滑石粉	83 份	云母粉	10 份	二氧化钛	5 份
蚕丝粉	5 份	羊毛粉	5 份	氧化铁粉	2 份
乙醇	85 份				

配制方法：现将硬脂酸、液体石蜡、蜂蜡和羊毛脂按上述比例混合，在 80℃ 温度下熔在一起，再添加三乙醇胺和水，制成乳剂，在乳剂中加入滑石粉和云母粉以及二氧化钛、丝粉、羊毛粉、氧化铁红。上述混合物搅拌后得到一种均匀的分散剂中添加乙醇，以破坏乳液状态，过滤得残渣。残留物在 80～90℃ 温度下进行干燥处理，得到固体物质。再将固体物质磨成粉状，得到含有 12.5% 油性质及 1.9% 乳化剂的油溶性蚕丝粉高级化妆品。

5. 配方五

这是用红色颜料配制含蚕丝粉的化妆品的方法。将 1 克红花素溶解在 200 毫升 5% 的碳酸钠溶液中，并与丝粉混合，添加 5% 的丁二酸，然后用碱液调整 pH 至适当范围。最后在 70℃ 温度下干燥 8 小时，得到化妆品用的含蚕丝粉的红色颜料。

第三节　下脚丝的综合利用

茧丝厂在生产过程中生产的大量下脚丝，如茧衣、屑丝、长吐、汤茧、蛹衬等，它们除了被用作绢纺原料外，还可简单地加工成人造驼毛、丝绵等。最近几年来，还利用其制造含有丝粉的化妆品以及生产多种氨基酸制品。

一、利用茧衣制造人造羊毛、驼毛

茧衣中含有 42％的丝胶，比生丝所含胶量还多 20％左右。茧衣经过一定的化学处理，固定丝胶，可以制成人造羊毛和人造驼毛，用途十分广泛。

（一）原料选择

茧衣原料采用缫丝厂的剥茧车间剥茧机剥除的茧衣去掉杂物即可。单宁酸选用工业单宁，纯度为 80％～85％，其吸着液要比选用烤胶（粗制单宁）纯度高得多，用前将单宁酸配成 1％浓度的溶液。若用甲醛处理，则可选用一般的工业甲醛，配成 3％浓度的溶液。

（二）制作过程

1. 洗涤　把附着在茧衣表面上的灰尘及其他杂质用清水洗涤去掉，不仅能使固定液易被吸收，还能增加丝胶的溶解度。

2. 浸渍　洗好的茧衣原料，在 80℃ 左右烘干，浸入盛有 1％浓度单宁酸或 3％浓度甲醛的容器中，按茧衣比单宁酸（或甲醛）＝1∶20（重量比）配料，仔细搅匀，使茧衣与固定液充分接触，略加热，并不时翻动，浸渍 2 小时。

3. 烘干　取出浸渍好的茧衣，置清水中洗涤数次，直至洗掉多余的固定液为止。洗好后，控制温度 80℃ 以下，烘干。用甲醛固定处理的茧衣就是人造羊毛，用单宁酸处理的茧衣，很像骆驼毛，故称之为人造驼毛。

（三）质量比较

用茧衣制成的人造羊毛或人造驼毛无论从外观上还是从纤维结构上看都十分相似。以人造羊毛为例，丝胶固定处理的茧衣纤维（人造羊毛纤维）与真羊毛纤维构造差别是很小的。

（四）人造羊毛、驼毛的用途

以茧衣为原料制成的人造羊毛、驼毛属天然纤维，用途十分广泛。由于天然纤织产不生产静电反应，很适于织制毛毯、羊毛衫、地毯，缝制棉被、面包服、滑雪衫、棉衣、棉裤等，还可与羊毛混纺，成为混纺毛线。

二、丝绵的拉织

（一）原料茧处理

适于拉制丝绵的原料茧盛于布袋中，用水浸泡一昼夜，以除去杂质、蛾尿等，然后甩干，并从布袋中取出放入煮茧锅内进行脱胶。

脱胶时，先将纯碱配成 1.5％～2.0％浓度的溶液于煮茧锅中，然后加入甩干的原料茧，升温至液体沸腾，维持 40～50 分钟。边煮边搅动，蚕茧的脱胶率达 18％～20％，手触蚕茧已软，可挥出茧袋，用流水反复冲洗，至溶液大致呈中性为止。若漂洗不净，残余的碱会使丝绵呈黄色影响外观和牢度。

（二）拉织

拉织前竹片弯成一个弓形物（用长 60 厘米、宽 1～1.5 厘米、厚 0.5 厘米的光滑竹片弯成）固定在底板上，作为拉制丝绵的小弓。拉制丝绵时，先将脱胶后的蚕茧放在 45℃温水中，用手撕开，翻转，将茧内的污物，如蚕皮、蛾尿、蚕绳蛆等洗掉，然后用双手将茧口张开，迅速套于弓上，均匀地拉至弓的底板，形成一层茧棉厚薄均匀的丝绵。因茧的重量与大小的不同，以桑蚕茧为例，大约 30～40 个茧可挂一个小弓。将小弓上的袋形丝绵取出，绞净水，晒干即为丝绵成品。在山东一带多用其代替棉花缝制成丝绵被褥、棉袄或其他制品，供应城乡市场或出口换取外汇，支援四化建设。

三、长吐的加工

在缫丝过程中，索绪所得，经过加工，可得到长吐。长吐按其加工方不同，分条束形长吐、半整理长吐和机轧长吐等。机轧长吐的加工方法简介如下。

（一）刮吐

加工过程中，先将缫丝机上的废丝予以收集，分清头尾，适当拉成 0.5～0.8 米的长条，先在长吐机上除去两端的汤茧及杂物，然后再刮吐机上扯松。

（二）漂洗

将除去杂物的长吐用热水漂洗，温度在 40℃ 左右，洗净后转入脱水机将水甩干。

（三）整理

将扯松的长吐撑开，剔除剩余的蛹衬等杂物，剪除未扯松的硬边及硬块等，再经日光晒干。晒干后日检查一次，以除尽杂物及硬丝，即为成品。

参 考 文 献

陈建国，步文磊，来伟旗，等．2011．桑叶多糖降血糖作用及其机制研究．中草药，42（3）：515-520.

陈玲玲，刘炜，陈建国，等．2010．桑叶黄酮对糖尿病小鼠调节血糖的作用机制研究．中国临床药理学杂志，26（11）：835-838.

陈松，刘宏程，储一宁，等．2007.12 个桑树品种桑叶中的 1-脱氧野尻霉素含量测定与分析．蚕业科学，33（4）：637-641.

陈晓平，崔敬爱，雷雨．1999．蚕蛾综合利用研究．吉林农业大学报，21（4）：85-86.

陈星宇，吴柏旭，戴婉蓉，等．2011．正交试验法优化桑叶多糖提取工艺．氨基酸和生物资源，33（1）：84-87.

陈祖满．2012-02-08．桑果白兰地酒的制备方法：中国，201110328481.5.

陈祖满．2012-02-29．天然桑果粉的制备方法：中国，201110328483.4.

都兴范，李树英．1998．九如天宝液含雌性激素样物质的作用研究．生物技术，8（4）：42-45.

高延敏，2012-05-02．桑椹速溶果珍的制备方法：中国，201110337982.X.

葛惠民，瞿文才，陆秀娟．1996．金刚健身液的抗衰老作用研究．安徽农业大学学报，23（4）：533-535.

桂仲争，庄大桓，葛正焱．2010．家蚕保健功能研究进展．中国食物与营养（11）：64-66.

郭春华．2010-11-10．含有蚕沙的羊用补饲精料：中国，201010216849.4.

计东风．2011-02-16．桑叶润肠通便胶囊生产工艺：中国，201010255681.8.

景莹，张晓琦，韩伟立，等．2010．蒙桑叶化学成分研究．天然产物研究与开发，22：181-184.

鞠岩，金贞姬，杨长青，等．1997．雄蚕蛾精液乙醇提取液注射治疗视网膜素变性及老年性白内障的机理．延边大学医学学报，20（1）：22-24.

蓝字花．2015-12-21．一种桑白皮保健茶：中国，200510081224.0.

李超 . 2012-01-25. 一种桑白皮总黄酮的制备方法：中国，201110289949. 4.

李法庆 . 2012-01-25. 一种从桑白皮中提取桑皮苷 A 的方法：中国，201110210051. 3.

李京川 . 2012-02-22. 一种桑叶饮品及其制备方法：中国，201110277405. 6.

李聚宽 . 2012-04-25. 一种桑叶茶保健饮料及其制备方法：中国，201110326719. 0.

李敏，吴茜，张景林，等 . 2010. 桑叶黄酮提取分离方法研究 . 应用化工，39（6）：790-792.

李有贵，储一宁，钟石，等 . 2010. 59 份野生桑桑叶中的 DNJ 含量及粗体物对 α-糖苷酶的抑制活性 . 蚕业科学，36（5）：729-737.

李有贵，钟石，吕志强，等 . 2010. 桑叶 1-脱氧野尻霉素（DNJ）对 α-糖苷酶的抑制动力学研究 . 蚕业科学，36（6）：885-888.

李云江 . 2009-01-07. 一种桑果醋及其生产方法：中国，200810127970. 2.

廖森泰，肖更生 . 2006. 蚕桑资源创新技术 . 第 1 版 . 北京：中国农业科学技术出版社：90-93.

廖森泰，肖更生 . 2012. 桑树活性物质研究 . 第 1 版 . 北京：中国农业科学技术出版社：206-210.

刘传清 . 2012-06-20. 桑枝木塑门线条：中国，201120445852. 3.

刘国艳 . 2012-02-22. 一种具有降血糖功效的桑叶汁饮料及其制备：中国，201110338701. 2.

刘树兴，花俊丽，马文锦 . 2009. 树脂法纯化 1-脱氧野尻霉素（DNJ）的研究 . 食品科技，34（7）：168-171.

刘树兴 . 2012-05-02. 一种桑叶口服液的生产方法：中国，201110321782. 5.

刘学铭，肖更生，徐玉娟 . 2001. 家蚕雌蛾类雌激素效应的实验研究 . 广东蚕业，35（1）：23-26.

刘玉玲 . 2008-02-27. 桑枝生物碱有效部位在制备降血糖药物中的应用：中国，200610111644. 3.

罗晶洁，曹学丽 . 2010. 桑叶多糖的组成及结构表征 . 食品科学，31（17）：136-140.

Morris Rockstein. 1988. 昆虫生物化学 . 李绍文，王孟淑，曾耀辉，等译 . 北京：科学出版社：214.

马锋军 . 2011-06-15. 一种桑枝灵芝的栽培方法：中国，201010585888. 1.

欧阳涟，高荫榆，刘娟娟 . 2000. 雄蚕蛾油的提取方法研究 . 食品业科技（12）：62-63.

平雄，黄自然．1994. 我国蚕业资源综合利用．华南农业大学学报，15
　　（4）：127-131.

秦立山．2008-07-18. 食用桑果保健醋：中国，200810150480.4.

曲香芝，鞠岩，金贞姬，等．1997. 肌注雄蚕蛾精液乙醇提取物对半乳糖所
　　致豚鼠白内障的防治作用．延边大学医学学报，20（1）：19-20.

屈达才．2010-12-29. 蚕沙燃料炭的制造方法：中国，201010267776.1.

屈达才．2010-12-29. 桑枝成型燃料的制造方法：中国，201010267758.3.

申琳．2005-03-02. 一种原营养型桑椹果醋的制备方法：中国，200410062213.3.

石伟勇．2012-05-02. 一种以蚕沙为有机原料的有机无机复混肥的生产方
　　法：中国，201110275010.2.

时连根．2012-04-10. 一种桑枝抗氧化剂的制备方法：中国，201110281224.0.

孙莲，孟磊，阎超，等．2002. 桑叶的降血糖活性成分和药理作用．中草
　　药，33（5）：471.

谈建中．2005-12-14. 桑枝总黄酮提取方法：中国，200510039202.8.

王俊．2010-02-10. 桑枝基活性炭的制备方法：中国，200910034737.4.

王国建．1998. 白芥子配桑枝治疗肩周炎．中医研究，11（4）：48-49.

王海堂，袁成凌．2003. 新型功能因子——花生四烯酸．食品工业科技，24
　　（3）：76-77.

王蓉，卢笑丛，王有为．2002. 桑枝提取物及抗炎作用研究．武汉植物学
　　研究，20（6）：467-469.

邬灏，卢笑丛，王有为．2005. 桑枝多糖分离纯化及其免疫作用的初步研
　　究．武汉植物学研究，23（1）：81-84.

吴继军．2011-04-06. 一种用桑果汁同时生产桑果花青素和桑果酒的方法：
　　中国，201010554716.1.

吴锡友．2009-01-07. 一种桑果黄酒及其制作方法：中国，200810020939.9.

吴娱明，邹宇晓，廖森泰，等．2005. 桑枝提取物对实验高血脂症小鼠的
　　降血脂作用初步研究．蚕业科学，31（3）：348-350.

吴娱明．2005-06-29. 桑枝提取物在制备具有减肥降脂作用的食品中的用
　　途：中国，200410077773.6.

吴志平，顾振纶，谈建中，等．2005. 桑枝总黄酮的降血糖作用．中草药，
　　239-241.

向程．2010-09-29. 桑枝竹荪生产方法：中国，201010201097.4.

熊汗华.1997.蚕蛾系列食品加工新技术.农村新技术（3）：45.

徐立，稽长久，谭宁华，等.2010.桑叶活性黄酮Norartocarpetin的分离鉴定.食品科学，31（5）：101-103.

徐启茂，毛刚，崔德君.1994.浅析雄蚕蛾对人体的抗衰老作用.辽宁中医杂志，21（5）：231-232.

徐鑫.2012-04-25.一种从桑叶中提取1-脱氧野尻霉素的方法：中国，201110338664.5.

薛红科.2009-10-28.一种桑果醋饮料及其制备方法：中国，200910022738.7.

杨青，郑晓瑞，陈红梅，等.2010.1-脱氧野尻霉素衍生物的研究进展.中国生化药物杂志，31（1）：1-5.

杨青珍，王锋，王帅.2010.龙桑叶黄酮类物质的提取工艺及抗氧化性研究.江苏农业科学，（2）：305-307.

余东华 刘跃明.1997.柞蚕雄蛾的激素及保健作用初探.食品工业科技（1）：19-21.

张世宝.2006-11-22.桑枝集成复合地板：中国，200520014124.1.

张卫国.2012-02-22.桑叶茶制作的方法：中国，201110311718.9.

张卫军.2011-09-28.以蚕沙为原料制备叶绿素铜钠盐的方法：中国，201110077164.0.

章丹丹，高月红，Jessica Tao Li，等.2011.桑枝总黄酮的抗氧化活性研究.中成药，33（6）：943-946.

赵骏，方玲，于坤路，等.2010.桑叶多糖不同分子量段降血糖作用研究.中药材，33（1）：108-110.

中国医学科学院药物研究所.1960.中药志.北京：人民卫生出版社：126.

周传金.2011-08-31.一种利用桑枝栽培香菇、木耳的菌棒及其栽培方法：中国，201010614490.6.

周垂桓，谭智达.1999.蚕—桑副产品综合利用.第1版.北京：科学技术文献出版社：143-148.

周垂桓.1988.桑蚕副产品综合利用.合肥：科学技术文献出版社：1-6.

朱文超.2011-04-06.一种蚕沙药枕的生产工艺：中国，200910115877.4.

朱元元.2006-08-16.一种蚕沙总生物碱及其制备方法：中国，2005101222.58.X.

图书在版编目（CIP）数据

蚕桑生产废弃物资源化利用实用技术／贺伟强，沈永根主编．—北京：中国农业出版社，2015.6

（生态循环农业实用技术系列丛书．农业废弃物循环利用实用技术系列丛书）

ISBN 978-7-109-20664-9

Ⅰ.①蚕… Ⅱ.①贺… ②沈… Ⅲ.①蚕桑生产–农业废物–废物综合利用 Ⅳ.①X71

中国版本图书馆 CIP 数据核字（2015）第 160932 号

中国农业出版社出版

（北京市朝阳区麦子店街 18 号楼）

（邮政编码 100125）

责任编辑 魏兆猛

中国农业出版社印刷厂印刷 新华书店北京发行所发行

2015 年 6 月第 1 版 2015 年 6 月北京第 1 次印刷

开本：850mm×1168mm 1/32 印张：5.25

字数：115 千字 印数：1～2 000 册

定价：20.00 元

（凡本版图书出现印刷、装订错误，请向出版社发行部调换）